高等数学教学理论及其研究

孟玲 著

 吉林大学出版社

·长春·

图书在版编目(CIP)数据

高等数学教学理论及其研究 / 孟玲著.－－长春：
吉林大学出版社，2022.6
ISBN 978-7-5768-0259-7

Ⅰ.①高… Ⅱ.①孟… Ⅲ.①高等数学－教学研究
Ⅳ.①O13

中国版本图书馆 CIP 数据核字(2022)第 151761 号

书　　名	高等数学教学理论及其研究	
	GAODENG SHUXUE JIAOXUE LILUN JI QI YANJIU	
作　　者	孟　玲　著	
策划编辑	张维波	
责任编辑	王宁宁	
责任校对	闫竞文	
装帧设计	繁华教育	
出版发行	吉林大学出版社	
社　　址	长春市人民大街 4059 号	
邮政编码	130021	
发行电话	0431-89580028/29/21	
网　　址	http://www.jlup.com.cn	
电子邮箱	jldxcbs@sina.com	
印　　刷	定州启航印刷有限公司	
开　　本	787×1092　1/16	
印　　张	10	
字　　数	203 千字	
版　　次	2022 年 6 月　第 1 版	
印　　次	2022 年 6 月　第 1 次	
书　　号	ISBN 978-7-5768-0259-7	
定　　价	58.00 元	

前　言

高等数学是研究客观世界数量和空间关系的科学，是人们认识世界和改造世界强有力的武器，它不仅具有完整的知识体系，同时还作为一种工具和手段架起了认识和研究其他学科的桥梁。高等数学还是一种认知世界的思维模式，许多实际问题都需要转化为数学问题来解决。同时，作为一门重要的基础课程，高等数学更是培养学生思维能力和创造力的最佳方式。此外，高等数学知识渗透于社会生活的各个层面，尤其在科学技术中应用得非常广泛，如在医学、化学、物理、计算机、建筑、经济等众多领域起着巨大作用。但由于高等数学本身具有高度的抽象性和深奥性，使得高等数学的教学现状并不乐观。

第一，高等数学课时缩减。为了加强实践教学，高等数学的教学内容有所变动，授课学时减少，但每章节数学知识点的体系保持不变。所以，使得课堂讲解不够细致，学生学起来囫囵吞枣，不求甚解。第二，学生数学基础参差不齐，增加了教学难度。针对学生数学基础参差不齐的情况，如何因人施教是高校教学工作者值得深思的问题。第三，学习态度和兴趣问题。高等数学本身所具有的高度抽象性、严谨的逻辑性的特点，往往使初学者望而生畏，再加上校园风气及网络、手机等因素的影响，导致部分学生学习目的不明确、态度不端正等。第四，教学方法、教学道具有待改进。传统的高等数学授课方式一般是一教师、一黑板、一粉笔的枯燥教学，教学方法多是"满堂灌"，学生在学习过程中往往处于被动的状态，师生之间的交流比较少，使得课堂气氛通常不够活跃。

本书主要围绕高等数学教学思想研究、高等数学教学内容研究、高等数学教学主体研究、高等数学教学目标研究、高等数学教学方法研究、高等数学教学模式研究、高等数学教学评价研究进行了阐述，以期通过本书的撰写，能够对高等数学的教学改革有所助益。

本书在撰写过程中借鉴了国内众多专家、学者大量的理论研究成果,在此表示诚挚的谢意!由于作者水平有限,疏漏之处在所难免,恳请广大读者在使用过程中多提宝贵意见,以便本书的修改和完善。

作者

2021 年 10 月

目　　录

第一章　高等数学教学思想研究

第一节　现代教育思想概览

一、现代教育思想的含义

教育是人类特有的一种有目的地培养人的社会实践活动。为了实现教育的目的和理想，也为了使教育活动更符合客观的教育规律，人们对教育现象进行观察、思考和分析，并开展交流、讨论和辩驳等，从而形成了具有普遍性、系统性和深刻性的教育思想。从广义上说，人们对教育现象的各种各样的认识，无论是零散的、个别的、肤浅的，还是系统的、普遍的、深刻的，都属于教育思想的范畴。在狭义上，教育思想主要是指经过人们理论加工而形成的，具有思维深刻性、抽象概括性、逻辑系统性和现实普遍性的教育认识。

（一）关于教育思想的一般理解

1. 教育思想在其形成的现实基础上，具有与人们的教育活动相联系的现实性和实践性特征

人们往往认为教育思想具有抽象概括性、深奥莫测性，是属于教育的实践、生活和现实的东西。其实，教育思想与人们的教育实践和生活存在着根本性的联系，它产生于教育实践活动，是适应教育实践的需要而出现的，教育实践构成教育思想的现实基础。概括起来说，（1）教育实践是教育思想的来源，当教育实践没有产生对某种教育思想的需要时，这种教育思想就不可能在社会上流行和发展；（2）教育实践是教育思想的对象，教育思想是对教育实践过程的反思，是对教育实践的活动规律的某种揭示和说明；（3）教育实践是教育思想的动力，历史上教育思想的兴衰更替和变革发展，都是教育实践促动的结果；（4）教育实践是教育思想的真理性标准，某种教育思想是否具有真理性，在根本上取决于教育实践的检验；（5）教育实践是教育思想的目的，教育思想正是为了满足教育实践的需要而产生的，教育实践规定了教育思想的方向。

2. 教育思想在其存在的观念形态上，具有超越日常经验的抽象概括性和理论普遍性的特征

毫无疑问，教育思想在广义上也包括人们在教育实践中获得的各种教育经验、体会、感想、观念等，但是在狭义上仅仅是指经过理论加工而具有抽象概括性和社会普遍性的教育认识。我们在本书中所分析和概括的就是狭义上的教育思想。教育经验是现实的、鲜活的，同时也是宝贵的，但是它往往具有个别性、零散性和表面性，很难概括教育过程的普遍规律和一般本质。教育工作者从事教育实践，固然需要教育经验，但是更需要教育思想或教育理论的指导。教育思想基于它的抽象概括性、逻辑系统性和现实普遍性，比教育经验更能够阐明教育过程的一般原理，指示教育事物的普遍规律。教育工作者需要教育理论的指导，需要有深刻的教育思想、明确的教育信念、丰富的教育见识，这些正是教育思想的理论价值所在，也正是教育思想的实践意义所在。

3. 教育思想在其存在的社会空间上，具有与社会经济、政治、文化的条件及背景相联系的社会性和时代性

人们的教育实践及教育认识都是在一定的经济、政治、文化思想条件下展开的，所以教育思想内在地体现着社会发展的现状及要求，具有社会性特征。另外，人们的教育实践及教育认识也是在一定历史时代的条件及背景下进行的，所以教育思想既与人们所处的历史时代相联系，又反映了这个时代的状况及要求，具有时代性特征。我们在本书中学习和研究的教育思想，不仅与我国社会主义改革开放和现代化建设相联系，反映着我国教育事业改革及发展的要求，而且与世界当代经济、政治、文化的发展相联系，反映着世界当代教育变革的现状及其思想动向。

4. 教育思想在其存在的历史向度上，具有面向未来教育发展的前瞻性和预见性

教育思想来源于教育实践，又服务于教育实践，而教育是面向未来培养人才的社会实践，所以教育思想具有前瞻性和预见性。尤其是在当代，人类历史正在加速进步和发展，教育事业的发展更具有超前性和未来性，而发挥指导作用的教育思想的前瞻性和预见性日益明显。当然，教育思想还具有历史的继承性，它总要总结以往教育实践的历史经验，承继以往教育思想的精神成果，但是，教育思想在根本目的上是要服务和指导当前及未来的教育实践的。所以，教育思想在历史向度上具有更突出的前瞻性和预见性的特征。

（二）关于现代教育思想的概念

我们所称的现代教育思想，确切地说，是指以我国进入新时期以来的改革开放和社会主义现代化建设为社会背景，以 20 世纪中叶以来世界现代化的历史进程及人类的教育理论与实践为时代背景，研究我国当前教育改革的现实问题，以阐明我国教育现代化进程的重要规律的教育思想。当然，学术界对"什么是现代教育"和"什么是现代教育思想"有着各种各样的理解和看法。

本书着眼于我国教育现代化和教育改革实践的现代需要，并将从中概括出来的教育思想称之为"现代教育思想"。另外，现代教育思想有着丰富的内容，我们只是就其中的一些内容进行了分析，目的在于使大家了解对我国教育改革实践比较有影响的思想及观点，从而使大家提高教育理论素养，树立现代教育观念。从这种意义上说，本书所论述的只是现代教育思想的若干专题。

1. 现代教育思想是以我国社会主义教育现代化为研究对象的教育思想

任何教育思想都有它特定的研究对象，或者说特定的教育问题。本书所说的现代教育思想是以我国社会主义教育现代化中的教育改革和发展问题为对象的，是关于我国社会主义教育改革和发展的教育思想。本书所分析的科教兴国思想、素质教育思想、主体教育思想、科学教育思想、人文教育思想、创新教育思想、实践教育思想、终身教育思想、全民教育思想等，都是从我国当前教育改革和发展的实践中提炼和概括出来的，着眼于探索和回答我国社会主义教育现代化的问题。教育现代化是我国当前教育改革和发展的目标和主题，我们的一切教育实践活动都是在这个总的目标和主题下展开的，所以说我们的教育实践是现代教育实践，我们探讨的教育问题是现代教育问题，我们概括的教育思想是现代教育思想。我国正处于迈向教育现代化的历史进程中，我们的目标是实现社会主义的教育现代化，从人类历史发展的角度看，我们处于现代教育发展的历史阶段。根据这一点，我们可以把以我国社会主义教育现代化为研究对象的教育思想称作现代教育思想。

2. 现代教育思想是以我国新时期以来社会主义改革开放和现代化建设为社会基础的

本书所分析的现代教育思想，不仅以我国社会主义教育现代化为研究对象，还以我国新时期以来社会主义改革开放和现代化建设为社会背景。社会主义教育改革实践是和我国整个改革开放事业联系在一起的，社会主义教育现代化是我国社会主义现代化事业的有机组成部分。所以，我们所说的现代教育思想，是以我国的改革开放和现代化建设为社会基础的；我们所分析的教育思想及观念，是以我国社会主义经济、政治、文化的发展为背景的。教育是一项社会事业，是为社会的进步和发展服务的，社会经济、政治、文化不仅为教育发展提供了客观条件，还决定着教育发展的现实需求。我国教育事业的改革和发展以及教育现代化的目标，从根本上说反映着我国新时期社会主义改革开放和现代化建设的要求，正是改革开放和现代化建设对人才和知识的巨大需求，推动了教育事业的改革和发展。从这种意义上说，大家所要学习的现代教育思想，实际上就是我国改革开放和现代化建设所要求的教育思想。

3. 现代教育思想是以近代以来特别是 20 世纪中叶以来世界现代化进程及教育理论和实践的发展为时代背景的

虽然本书概括的教育思想是立足中国社会现实和实际的，但是又与近代以来特别是 20 世纪中叶以来世界现代化进程及教育理论和实践的发展相联系的。中国的发展离不开世界，中国的现代化是世界现代化的一部分。我国当前的教育改革和发展不仅要以世界现代教育的历史进程为参照系，而且要与世界各国加强教育交往和联系，学习和借鉴世界先进的教育经验和成果。从历史上看，随着现代工业生产、市场经济和科学技术的发展，世界各国的教育交往和联系日益增多，关起门来发展教育事业愈发不现实。事实上，我国当前的教育改革与发展和世界当代教育的改革实践及思潮演变有着密切的联系。我们需要研究世界当代教育发展的普遍规律，需要把握世界教育发展的普遍趋势。例如，我国实施的科教兴国战略就是在总结世界各国现代化实践经验的过程中提出来的，它反映了近代以来人类现代化进程的普遍规律。又如，本书所要分析的科学教育思想和人文教育思想，就不仅体现出我国当前教育改革实践的要求，而且也是近代以来世界教育发展进程中的重要观念和思潮。现代人的全面发展，不仅需要接受现代科学教育，还应当接受现代人文教育，两者不能偏废。现代教育的历史经验表明，无论忽视科学教育还是偏废人文教育都是十分有害的。总之，我们可以说，本书所分析的教育思想是以世界现代化历史特别是当代的进程为背景的，是与人类现代教育的理论和实践联系在一起的，也可以说是人类现代教育思想的一个组成部分。

二、现代教育思想的结构与功能

学习现代教育思想，需要了解它的结构和功能。教育思想是一个系统，系统的内部有着多样的结构。教育思想在现实上发挥着重要的作用，即教育思想具有一定的功能。研究教育思想的结构和功能，能帮助我们深化对教育思想的认识和理解，使我们弄清楚教育思想的不同形式和类型，以及它们各自发挥着什么样的作用，从而更好地建构我们的教育思想，指导我们的教育实践。

（一）现代教育思想的结构

对于教育思想的结构，不同的人有不同的理解。在这里，我们根据我国教育思想与实践的现实关系状况，将教育思想划分成理论型的教育思想、政策型的教育思想和实践型的教育思想。这三种类型的教育思想既相互区别又相互联系，形成我国教育思想的一种结构。当然，这种结构分析只具有相对的意义，是本书的一种概括，现代教育思想的结构还可以从其他视角进行分析。

1. 理论型的教育思想

理论型的教育思想，是指由教育理论工作者研究的教育思想，这是一种以抽象的理论形式存在的教育思想。在当代，教育思想的形成和发展，离不开教育理论工作者对教育问题的科学研究，离不开他们对教育经验的总结和概括。在我国，活跃在高等院校和各种教育研究机构的教育理论工作者，是一支专门从事教育理论研究的队伍，他们虽然不长期工作在教育教学第一线，但是其思想研究对教育科学的发展起着重要的作用。教育经验经过理论上的抽象和概括，虽然少了一些直接感受性和现实鲜活性，但是却将教育经验上升到理论的高度，获得了一种普遍的真理价值和特殊的实践意义。理论型的教育思想有着一张严肃的面孔，学起来感到很晦涩、很费解，不容易领会和掌握，但是它却以理论的抽象概括性，揭示着教育过程的普遍规律和教育实践的根本原理。我们今天的教育实践不同于古人的教育实践，它越来越需要现代教育思想的指导，越来越需要教育工作者具有专门的教育理论意识和素养，越来越需要在教育理论指导下的自觉教育实践。理论型教育思想的形成既是现代教育发展的一种客观趋势，也是我国当前教育改革和发展及教育现代化的迫切需要。

2. 政策型的教育思想

所谓政策型的教育思想，是指体现于教育的法律、法规和政策中的教育思想，这是国家及政府在管理和发展教育事业的过程中，以教育法律、法规和政策等表达的教育思想。例如，1995 年 3 月，我国颁布实施的《中华人民共和国教育法》是我国以法律的形式颁布实施的教育方针，它从总体上规定了我国教育事业发展的根本指导思想、培养人才的一般规格，以及实现教育目的的基本途径。毫无疑问，这一教育方针的表述体现着党和政府的教育主张，代表着广大人民群众的利益和要求，是对我国现阶段教育事业的性质、地位、作用、任务，人才培养的质量、规格、标准，以及人才培养的基本途径的科学分析和认识。广大教育工作者需要认真学习这一教育方针，领会它的教育思想及主张，把握它的实践规范及要求。政策型教育思想是一个国家或民族教育思想体系的重要组成部分，在人类教育思想和实践的历史发展中占有重要的地位。

3. 实践型的教育思想

所谓实践型教育思想，是指由教育理论工作者或实际工作者面向教育实践进行理论思考而形成的以解决现实教育实践问题的教育思想。这种教育思想区别于理论型教育思想。如果说理论型教育思想着重探索和回答"教育是什么"的问题，那么实践型教育思想则旨在思考和解决"如何教育"的问题。这种教育思想也区别于政策型教育思想。虽说政策型教育思想和实践型教育思想都面向教育实践，但是政策型教育思想是关于国家教育实践的教育思想，实践型教育思想是关于教育者实践的教育思想。实践型教育思想不同于教育经验。教育经验是人们在教育实践中自发形成的零散的教育体验、体会及认识，而实践型教育思想是人们对教育实践进行自觉思考而获得的系统的理论认识。实践型教育思想是整个教育思想系统的有机组成部分，是教育思想发挥指导和服务教育实践的功能与作用的基本形式和环节。教育思想是为教育实践服务的，是用来指导教育实践的。实践型教育思想以它对教育实践问题的研究，解决教育活动的技术、技能和方法问题，从而实现教育思想指导和服务于教育实践的功能。实践型教育思想是教育思想的重要类型，是不可缺少的组成部分。

这三种教育思想各有各的理论价值和实践意义，共同促进了现代教育的科学化和专业化发展。长期以来，人们比较忽视实践型教育思想的研究与开发，认为它的理论层次低、科学性不强、缺少普遍意义，事实上它却是促进教育实践科学化的重要因素和力量。没有对现实教育实践问题的关注和思考，何谈现代教育技术、技能和方法，所谓促进现代教育的科学化发展也只能是纸上谈兵。当前，为了促进我国教育的改革和发展，我们必须面向教育教学第一线，大力研究和开发实践型教育思想，以此武装广大教育工作者，使每一位教育工作者都成为拥有教育思想和教育智慧的实践者。

（二）现代教育思想的功能

教育思想的产生和发展并非凭空的，它是适应人们的教育需要而出现的，我们把教育思想适应人们的教育需要而对教育实践和教育事业的发展所发挥的作用称作教育思想的功能。具体地说，教育思想具有认识功能、预见功能、导向功能、调控功能、评价功能、反思功能；概括起来说，就是教育思想对教育实践的理论指导功能。

1. 教育思想的认识功能

教育思想最基本的功能是对教育事物的认识功能。通常，我们说教育认识产生于教育实践，教育实践是教育认识的基础。但是从另外的角度说，教育实践也需要教育认识的指导，教育认识是教育实践的向导。教育思想之所以具有指导教育实践的作用，原因在于它能够帮助人们深刻地认识教育事物，把握教育事物的本质和规律。人们一旦掌握了教育的本质和规律，就可以改变教育实践中的某种被动状态，获得教育实践的自由。教育思想的指导功能就体现在指导人们认识教育本质和规律的过程中。美国教育家杜威曾说过："为什么教师要研究心理学、教育史、各科教学法一类的科目呢？有两个理由：第一，有了这类知识，他能够观察和解释儿童心智的反应——否则便易于忽略。第二，懂得了别人用过的有效的方法，他能够给予儿童以正当的指导。"①应当说，教育思想旨在促进我们对教育事物的观察、思考、理解、判断和解释，从而超越教育经验的限制，进入对教育事物更深层次的认识。当然，这里需要指出，他人的教育思想并不能现成地构成人们的教育智慧，教育智慧是不能奉送的。教育思想的认识功能，只在于启发人们的观察和思考，提高人们的认识能力，形成人们自己的教育思想和观点，从而使人们成为拥有教育智慧的人。在历史上，教育家们的教育思想是各种各样的，这些教育思想之间也常常是相互冲突的。如果我们以为能够从前人那里获得现成的教育真理，那就势必陷入各种教育观念的矛盾之中。我们学习前人的教育思想，只是接受教育思想的启迪，不断充实自己的教育思想，提高认知水平，切勿照抄照搬，这才是教育思想的认识功能的本义所在。

2. 教育思想的预见功能

所谓教育思想的预见功能，是说教育思想能够超越现实、前瞻未来，告诉人们现实教育的未来发展前景和趋势，从而帮助人们以战略思维和眼光指导当前的教育实践。教育思想之所以具有预见功能，是因为教育思想能够认识和把握教育过程的本质和规律，能够揭示教育发展和变化的未来趋势。教育现象和其他社会现象一样，是有规律的演变过程，现实的教育发展既存在着与整个社会发展的系统联系，又存在着与它的过去及未来相互依存的联系。基于这一点，那些把握了教育规律的教育思想就可以预见未来，显示其预见功能。尊重学生的主体地位，重视学生的自我教育，正在成为中外教育人士的普遍共识和实践信条。随着信息革命的蓬勃发展和知识经济时代的到来，以及网络教育的发展，学生自我教育呈现出不可阻挡的发展趋势。在知识经济和终身教育时代，一个完全依靠教师获取知识的人是难以生存的，学会自我教育是每个人的立身之本。这说明教育思想可以预见未来，而我们学习和研究教育思想的一个重要目的，就是开阔视野、前瞻未来，以超前的思想意识指导今天的教育实践。

3. 教育思想的导向功能

无论是一个国家或民族教育事业的发展，还是一个学校或班级的教育活动，

---

① 魏智渊. 建构自己的教育哲学——读《为什么做教师》[J]. 人民教育，2007(24)：48.

都离不开一定的教育目的和培养目标，这种教育目的和培养目标对于整个教育事业的发展和教育活动的开展都起着根本的导向作用。教育目的和培养目标是教育思想的重要内容和形式，教育思想通过论证教育目的和培养目标而指导人们的教育实践，从而发挥出导向功能。教育学把这种教育思想分为教育价值论和教育目的论。古往今来，人类的教育实践始终面临着"培养什么样的人""为什么培养这样的人""怎样培养这样的人"等基本问题，这些问题都需要进行价值分析和理论思考，于是就形成了关于教育目的和培养目标的教育思想。在历史上，每个教育家都有他自成一体的特色鲜明的教育思想，而在他的教育思想体系中又都有关于教育目的和培养目标的思考和论述。也正是教育家们对于"培养什么样的人"等问题的深度思考和详细分析，启发并引导人们从自发的教育实践走向自觉的教育实践。当前，党和政府做出全面推进素质教育的决定，这实际上是基于新的历史条件而做出的有关教育目的和培养目标的新的思考和规定。其中，所强调的培养学生的创新精神和实践能力，就是对我国未来人才培养提出的新的要求和规定。毫无疑问，素质教育思想将发挥导向功能，指引我国未来教育事业的改革和发展，指导学校教育、家庭教育和社会教育等各种教育活动的开展。总之，教育思想内在地包含着关于教育目的和培养目标的思考，而由于这一点，教育思想对于人们的教育实践具有导向的功能。

4. 教育思想的调控功能

通常我们说教育是人们有目的、有计划和有组织地培养人才的实践活动，但是这并非说教育工作者的所有活动和行为都是自觉的和理性的。这就是说，在现实的教育实践过程中，教育工作者由于主观或客观的原因，也会做出偏离教育目的和培养目标的事情。就一所学校乃至一个国家的教育事业来说，由于现实的或历史的原因，人们也会制定出错误的政策，做出违背教育规律的事情。那么，人们依据什么标准来纠正自己的教育失误和调控自己的教育行为呢？这就是教育思想。教育思想具有调控教育活动及行为的功能。因为教育思想可以超越现实，超越经验，能够使人们以客观和理性的态度去认识和把握教育的本质和规律。当然，这并不是说所有的教育思想都毫无例外地认识和分析了教育的本质和规律。然而，只要人们以理性的精神、科学的态度和民主的方法，去倾听不同的教育思想、主张、意见，并且及时地调控自己的教育活动及行为，就可以少犯错误、少走弯路、少受挫折，从而科学合理地开展教育活动，保证教育事业的健康发展。若是如此，教育思想就发挥和显示了它的调控功能。在当前，我国教育改革学习和研究教育思想，充分发挥教育思想的调控功能，从而科学地进行教育决策，凝聚各种教育力量，促进教育事业沿着正确的方向和目标发展。如果我们每个教育工作者都能够坚持学习和研究教育思想，就可以不断地调控和规范我们的教育行为和活动，从而提高教育实践的质量和效益。

5. 教育思想的评价功能

对于教育活动过程的结果，人们需要进行质量的、效率的和效益的评价。近代以来，随着教育规模的扩大和投入的增加，教育的经济和社会效益多样化和显著化，以及教育管理的科学化和规范化，教育评价越来越受到人们的重视。通常来说，人们以教育方针和教育目的为评价人才培养的质量标准，而教育的经济和社会效益还要接受经济和社会实际需要的检验。但是我们也要看到，教育思想也具有教育评价的功能。教育思想之所以具有教育评价的功能，是因为教育思想能够把握教育与人的发展及社会发展的关系，揭示教育与人及社会之间相互作用的规律性，从而为评价教育活动的结果提供理论的依据和尺度。事实上，人们在教育实践的过程中，经常以教育价值观、教育功能观、教育质量观、教育效益观等作为依据和尺度，对教育过程的结果进行评价，以此指导或引导我们的教育行为过程。在当前的教育改革和育人实践中，我们不仅需要接受事后的和客观的社会评价，还应当以先进而科学的教育思想评价和指导我们的教育实践，从而促进教育过程的科学化、规范化，以提高教育的质量、效率和效益。现在，人们学习和研究教育思想的一个重要任务，就是要提高自己的教育理论素养，用科学的教育思想包括教育价值观、质量观、人才观等等，自觉地分析、评价和指导我们的教育行为及活动。用科学的教育思想分析和评价自己的教育实践活动，这是提高每一个教育工作者的教育教学水平、管理水平及质量的有效方法和重要途径。

6. 教育思想的反思功能

对于广大教育工作者及其教育实践活动来说，教育思想的一个重要作用就是促进人们进行自我观照、自我分析、自我评价、自我总结等，使教育者客观而理性地分析和评价自己的教育行为及结果，从而增强自己的自我教育意识，学会自我调整教育目标、改进教育策略、完善教育技能等，最终由一个自发的教育者变成一个自觉而成熟的教育者。大量事实表明，一个人由教育外行变成教育行家需要一种自我反思的意识、能力和素养，这是教师成长和发展的内在根据和必要条件。我国古代思想家老子曾说过："知人者智，自知者明。胜人者有力，自胜者强。"这段话告诉我们，人贵有自知之明，真正的教育智慧是自省、自知、自明、自强，在自我反思中学会教育和教学。不过，一个人能够进行自我反思是有条件的，条件之一就是学会教育思维，形成教育思想，拥有教育素养，人们正是在学习和研究教育思想的过程中，深化了教育思维，开阔了教育视野，增强了自我教育反思的意识和能力。应当说，日常工作经验也能够促进人们的教育反思，但是教育经验的狭隘性和笼统性往往限制了这种反思能力和素质的提高与发展。教育思想比起教育经验来有着视野开阔、认识深刻等优越性，所以更有利于人们增强自己的教育反思能力和素质。为什么我们说教育工作者有必要学习和研究教育思想，好处在于它能够增强人们教育反思的意识和能力，提高素质，从根本上促进教育工作者的成长和发展。在学习"现代教育思想"这门课程的过程中，希望大家重视发展自己教育反思的能力和素质，充分发挥教育思想的反思功能，从而使自己有比较大的收获和提高。

三、现代教育思想的建设和创新

在我国教育现代化的进程中，学校教育教学和整个教育事业的改革和发展，都面临着教育思想的建设和创新问题。随着我国改革开放和现代化建设事业的深入发展，以及世界科技经济信息化、网络化、全球化浪潮的涌动，我国的教育事业及教育实践将持续面临新的形势、新的挑战、新的环境、新的条件。在这样的时代背景下，教育工作墨守成规和迷信经验，无论如何是不行的，必须加强教育思想的建设和创新，必须用新的教育思想武装自己，这是使我们成为一个新型的教育工作者的重要保证。

(一)教育的思想建设

一般来说，一个国家、一个地区或一所学校，在教育建设上应当包括教育设施建设、教育制度建设和教育思想建设三个基本方面。实现教育现代化，必须致力于教育设施现代化、教育制度现代化和教育思想现代化，其中教育思想现代化是教育现代化的观念条件、心理基础和精神支柱。有人将教育思想建设比作计算机的"软件"部分，整个教育建设没有"硬件"建设不行，没有"软件"建设同样不行。因此，在当前教育改革和教育现代化的过程中，我们应当高度重视并大力加强教育思想建设，以教育思想建设引导和促进教育设施建设和教育制度建设。

教育思想是人才培养过程中重要的因素和力量。说到育人的因素，人们想到的往往是教师、课程、教材、方法、设施、手段、制度、环境、管理等等，其实教育思想才是人才培养的最重要的因素和力量。教育过程在根本上是教育者与受教育者之间的心理交往、心灵对话、情感沟通、视界融合、精神共体、思想同构的过程。在这个过程中，教育者正是以深刻而厚重的教育思想、明确而坚定的教育信念、丰富而多彩的教育情感、民主而平实的教育作风等，搭起与受教育者交往、交流、沟通、对话、理解、融合的教育"平台"。现在教师应当既作为"经师"又作为"人师"，从而将"教书"和"育人"统一起来。一个人只拥有向学生传授的文化知识和某些教育教学技能，还不算是一个优秀教师，优秀的教师必须拥有自己的教育思想，能够以此统率文化知识的传授、驾驭教育教学技能和方法，实际上就是能够用教育思想感召人、启发人、激励人、引导人、升华人。缺乏教育思想，教育活动就成为没有灵魂、没有内涵、没有精神、没有人格、没有价值的过程，也就很难说是真正的人的教育。广大教师应当重视自己教育思想的建设和教育理念的升华，成为教育家式的教育工作者。

教育思想也是学校教育管理的重要的因素和力量。说到学校管理，许多人认为这是校长用上级领导所赋予的行政权力和权威，对学校教育事务和资源进行组织、领导和管理的过程，如制订计划、进行决策、组织活动、检查工作、评价绩效等等。并且认为，校长领导和管理学校及教育，最重要的资源和力量是国家的教育方针政策和上级所赋予的行政权力和权威，有了这一切，就可以组织、领导和管理好一所学校。然而，著名教育家苏霍姆林斯基并不这样看，他的一个重要思想是：所谓"校长"绝不是习惯上所认为的"行政干部"，而应是教育思想家、教学论研究家，是全校教师的教育科学和教育实践的中介人。校长对学校的领导首先是教育思想的领导，而后才是行政的领导。校长是依靠对学校教育的规律性认识来领导学校的，是依靠形成教师集体的共同"教育信念"来领导学校工作的。苏霍姆林斯基的这一观点是教育管理上的真知灼见和至理名言，揭示了教育思想在教育管理上的根本地位和独特价值。大量的事例说明，缺乏教育思想的教育权力只能给学校带来混乱或专制，不能将教育方针转化为自己教育思想的校长，只能办一所平庸的学校，而不可能办出高质量、有特色的优秀学校。学校的建设，固然需要增加教育投入，改善办学条件，建立和健全学校各项规章制度，但是同时必须加强学校的教育思想建设，必须构建学校自己独具特色的教育思想和理念。这是学校教育的灵魂所在，也是办好学校的根本所在。

教育思想还是一个民族或国家教育事业发展的重要因素和力量。在国家教育事业的建设中，不仅要重视教育设施的建设和教育制度的建设，还要重视教育思想的建设。从历史上看，无论是世界文明古国还是近代民族国家，在发展教育事业的过程中都十分重视教育思想的建设，在形成民族教育传统及特色的过程中，不仅发展了具有民族特点的教育制度、设施、内容和形式，还以具有鲜明的民族个性的教育思想著称于世。在一个民族或国家的教育体系及其个性中，处于核心地位的和具有灵魂意义的就是教育思想。当我们说到欧美的教育传统的时候，那就必然提及古希腊和古罗马时代的一些著名教育家及其教育思想，如苏格拉底、柏拉图、亚里士多德、昆体良等。当我们说到中华民族的教育传统的时候，那就必须提及孔子、墨子、老子、孟子、荀子，以及他们的教育思想。历史上许许多多这样的大教育家，正是以他们博大精深的教育思想，播下了民族教育传统的种子，奠定了民族教育大厦的基石。在致力于教育现代化的今天，虽然各国的教育建设和发展，由于科技经济国际化和全球化的影响而表现出越来越多的共同点和共同性，但是它们正是通过具有民族传统和个性的教育思想建设继承并发展了自己民族的教育事业。教育思想是民族教育传统之魂，教育思想又是国家教育事业之根。大力加强教育思想建设是一个民族或国家教育事业发展的基础和灵魂，只有搞好教育思想建设，才能为其他建设提供思想蓝图和价值导向。

教育思想建设是一项复杂的系统工程，它包括许多方面或领域，与其他教育建设紧密联系在一起，需要做大量的工作。教育思想建设对于教育者个人、学校系统和国家教育事业来说，有着不同的目标、任务、领域、内容、形式和方法，但是大体上都包括经验总结、理论创新、观念更新等过程和环节。

教育思想建设需要对现实的和以往的教育经验进行总结，这是一个不可缺少的环节。无论是教育者个人、学校系统还是整个国家教育事业，在进行教育思想建设的过程中，都离不开总结现实的和以往的教育经验。教育经验既是对教育现实的直接反映和认识，又是对以往教育实践的历史延续和积淀，它是教育思想建设的前提和现实基础。教育经验具有现实性，它与广大教育工作者的教育实践直接联系；教育经验又具有历史继承性，它是过去的教育传统在今天的教育实践中的继续和发展。它的现实性保证了教育思想建设与教育现实的联系，它的历史性又保证了教育思想建设与教育传统的联系。在我们进行教育思想建设的过程中，千万不能贬低和忽视教育经验，要善于从教育经验中了解现实和贴近现实，从教育经验中总结历史并继承传统，让教育思想建设扎根于现实实践和历史传统。总结教育经验，是教育思想建设的前提和基础，是教育思想建设工作的重要内容之一。

教育思想建设离不开教育理论的创新，没有教育理论的创新就谈不上教育思想建设。所谓教育理论创新，就是面向未来研究教育的新形势、新趋势、新情况、新问题，提出教育的新理论、新学说、新主张、新观念。教育思想建设是一个面向未来、前瞻未来和把控未来，从而确立指导当前教育实践与教育事业改革和发展的教育理论、理念、观念体系的过程。教育思想建设需要总结教育经验，但是更需要进行教育理论创新。教育事业是面向未来的事业，教育实践是面向未来的实践，教育实践本质上需要具有未来性和创新性的教育理论来指导。在科技经济社会迅速变革和发展的今天，现代教育思想建设越来越需要面向未来进行教育理论创新和观念创新。教育理论创新可以为教育思想建设开阔视野、指明方向、深化基础、丰富内容、增添活力，使教育思想建设具有创新性、前瞻性、预见性、导向性等等，从而能够指引现实教育实践及整个教育事业成功地走向未来。在我国大力推进教育改革和教育现代化的今天，我们应当高举邓小平理论伟大旗帜，解放思想，实事求是，面向未来进行教育理论创新。只有坚持进行教育理论创新，用现代教育思想指导教育实践，我们才能够不断地深化教育改革，扎实地推进我国教育现代化的伟大事业。

教育思想建设还需要进行教育理论的普及和教育观念的更新。教育改革和发展，不仅是人们教育实践及行为不断改变、改进、改善的过程，还是人们教育理念及观念不断求新、创新、更新的过程。教育思想建设，无论是一个国家还是一所学校，都需要面向教育工作者个人进行教育理论的普及和教育观念的更新。一方面，要学习和研究新的教育理论思想；另一方面，要推动广大教育工作者转变过时的教育思想和观念，形成适应时代和面向未来的新的教育思想和观念。只有将科学的教育理论和先进的教育思想转变为广大教育工作者的教育观念和行动理念，才能够树立起扎根于现实并指导教育实践的教育思想大厦，才能够变成推动教育实践和教育事业发展的强大物质力量。校长和教师要在学习和研究现代教育理论和思想的过程中，不断地建构自己的教育思想，形成自己的教育理念、观念和信念，这既是校长和教师成为教育家式的教育工作者的要求，也是教育思想建设的根本目的。推动现代教育思想的普及，促进广大教育工作者的观念更新和创新，是教育思想建设的重要任务和目的。

（二）教育的思想创新

在科学技术突飞猛进，知识经济已见端倪，竞争日趋激烈的今天，我们必须实施素质教育，致力于发展创新教育，重点培养学生的创新精神和实践能力。在这种形势下，我们也必须致力于教育思想创新和教育观念更新，没有教育思想创新和教育观念更新，就不可能创造性地实施素质教育，建立创新教育体系，培养创造性的人才。前面已经提到，个人、学校和国家的教育思想建设中，教育思想创新都处于十分突出的位置，是教育思想建设的一个重要环节。今天，无论是从教育思想建设上说还是从教育实践发展上说，教育思想创新都应受到高度重视，并应成为每一个教育理论工作者和教育实践工作者追求的目标。

教育思想创新是一个基于新的时代、新的背景、新的形势，以新的方法、新的视角、新的视野，研究教育改革和发展过程中的新情况、新事实、新问题，探索教育实践的新观念、新体制、新机制、新模式、新内容和新方法的过程。首先，教育思想创新是新的时代、新的背景、新的形势的客观要求。现代科技经济社会的发展和进步，正在使教育面临前所未有的时代背景和外部环境，教育事业的发展和人们的教育实践必须面对新的形势，把握新的时代，适应新的要求。人们只有通过教育理论创新才能更好地迎接时代的挑战，更好地从事教育教学实践，促进教育事业的改革和发展。其次，教育思想创新是对教育事业发展和人们教育实践中的新情况、新事实、新问题的探索过程。随着科技经济社会的发展和进步，教育发展正在出现大量新的情况、新的事实、新的问题。如网络教育、虚拟大学、科教兴国、素质教育、主体教育、生态教育、校本课程、潜在课程等等，这些都是几十年前还不存在的新名词、新术语、新概念，当然也是教育改革和发展中的新情况、新事实、新问题。如果我们不研究这些教育新情况、新事实、新问题，不发展教育的新思想、新观点、新看法，怎么能够做一个现代教育工作者呢？再次，教育思想创新表现为一个以新的教育观和方法论，即思想认识的新方法、新视角、新视野，研究教育改革和发展及教育实践中的矛盾和问题的过程。能否用新的思想方法、新的观察视角和新的理论视野探索和回答教育现实问题，是教育思想创新的关键所在。教育思想创新最主要的就是理论视野的创新、观察视角的创新和思想方法的创新。没有这些创新就不可能有教育实践的新思路、新办法、新措施。最后，教育思想创新应体现在探索教育改革和发展教育实践的新思路、新办法、新措施上，着眼于解决教育改革和发展中的战略、策略、体制、机制、内容、方法等现实问题。教育思想创新是为教育实践服务的，目的是解决教育实践中的矛盾和问题，从而推动教育事业的改革和发展。所以，教育思想创新要面向实践、面向实际、面向教育第一线，探索和解决教育改革和发展中的各种现实问题，为教育改革和教育实践提供新思路、新方案、新办法、新措施。教育思想创新是一个复杂的过程，涉及理论和实践的方方面面，我们只有认识其内在规律才能做好这项工作。

　　教育思想创新包括多方面的内容，可以说涉及教育的所有领域，也就是说各个教育领域都有思想创新问题。但是，按照本书对教育思想的类型划分，可以概括为理论型的教育思想创新、政策型的教育思想创新和实践型的教育思想创新。理论型的教育思想创新是教育基本理论层面的思想创新，涉及教育的本质论、价值论、方法论、认识论等等，涵盖教育哲学、教育经济学、教育社会学、教育人类学、教育政治学、教育法学等各学科领域。在教育基本理论层面上进行思想创新，有着重要的理论和实践意义，它通过对教育基本问题的理论创新，深化对教育基本问题的认识，而为教育事业和教育实践提供新的理论基础。政策型的教育思想创新是宏观教育政策层面的思想创新，涉及政府在教育改革和发展上的方针政策和指导思想。制定和推行各项教育政策，不仅需要面对国家教育事业改革和发展的现状及其存在的矛盾和问题，还需要以一定的教育思想作为理论依据。通过政策型的教育思想创新，可以促进教育决策及其政策的理性化和科学化，使教育决策及其政策适应迅速变化的形势，越来越符合教育发展的客观规律。改革开放以来，党和政府制定的一系列教育政策（如科教兴国战略等）就是政策型教育思想创新的结果，这是新时期我国教育事业迅速发展的重要原因。实践型的教育思想创新是针对教育教学实践的思想创新，涵盖学校教育、家庭教育和社会教育等领域，涉及学校运营和管理、班级教育教学，以及德育、智育、体育和美育等教育实践问题。教育教学实践，不仅有操作原则、规则、方法、技能等问题，还有实战的思想、理念、观念、信念等问题。只有不断地对教育教学实践进行思想创新，才能逐步优化教育教学的原则和规则，改进教育教学的方法和技能。实践型的教育思想创新对于提高教育教学质量和水平，具有特别重要的意义。

对于教育的思想创新，我们要高度重视并认真研究和加以实践，但是不能把它神秘化、抽象化，不能以为只有教育家或教育理论工作者才能进行教育思想创新，而广大中小学校长、教师及学生家长是不需要进行教育思想创新的。其实，教育思想创新涵盖教育的所有领域，每一个教育领域都需要思想创新，而每个时代，教育的环境在变，教育的过程在变，教育的对象在变，教育的要求也在变。无论是教育理论工作者还是教育实践工作者都不可能墨守成规，只靠以往取得的理论、经验、方法、技能等，去从事新的形势和条件下的教育教学实践。知识经济时代赋予教育事业新的历史使命，我国社会主义改革开放和现代化建设赋予教育事业新的社会地位，党和人民群众赋予广大教育工作者新的教育职责。我们必须认真学习和研究现代教育思想，提高现代教育理论素养，致力于教育观念更新和教育思想创新，紧跟时代步伐、把握形势、面向实际，以新思想、新观念和新理念研究教育教学实践问题，提出有创意、有特点、有实效的教育教学改革的办法和措施，从而推动我国教育事业向着现代化目标加速前进。

总之，我国教育事业的改革和发展要求我们必须加强教育思想建设和教育思想创新，要求我们广大教育工作者成为有思想、有智慧、会创新的教育者，要求我们的学校在教育思想建设和创新中办出特色和个性来。我们应该无愧于教育事业，无愧于改革时代，不断加强教育思想建设和教育思想创新，用科学的教育思想育人，用高尚的教育精神育人，为全面推进素质教育做出贡献。

第二节　高等数学教学初探

20 世纪 80 年代初期，世界开始进入"数学技术"的新时代。教育部高教司组织了一次重要会议，研讨"数学教育在大学教育中的作用"，建议开设"大学数学"课程。各院校面对新的挑战、新的要求，应当有新的认识、新的行动。

高等数学(也称为微积分，它是几门课程的总称)是理工科院校一门重要的基础学科。作为一门学科，高等数学有其固有的特点，就是高度的抽象性、严密的逻辑性和广泛的应用性。抽象性是数学最基本、最显著的特点——有了高度的抽象和统一，才能深入地揭示其本质规律，才能使之得到更广泛的应用。严密的逻辑性是指在数学理论的归纳和整理中，无论是概念和表述，还是判断和推理，都要运用逻辑的规则，遵循思维的规律。所以说，数学也是一种思想方法，学习数学的过程就是思维训练的过程。人类社会的进步，与数学这门学科的广泛应用是分不开的。尤其是到了现代，电子计算机的出现和普及使得数学的应用领域进一步拓宽，现代数学正成为科技发展的强大动力，同时也广泛和深入地渗透到了社会科学领域，因此，学好高等数学相当重要。然而，很多学生对怎样才能学好这门课程感到困惑。要想学好高等数学，至少要做到以下四点。

首先，理解概念。数学中有很多概念。概念反映的是事物的本质，弄清楚了它是如何定义的、有什么性质，才能真正地理解一个概念。

其次，掌握定理。定理是一个正确的命题，分为条件和结论两部分。对于定理除了要掌握它的条件和结论外，还要搞清它的适用范围，做到有的放矢。

再次，在弄懂例题的基础上做适量的习题。要特别提醒学习者的是，课本上的例题都是很典型的，有助于理解概念和掌握定理，要注意不同例题的特点和解法，在理解例题的基础上做适量的习题，做题时要善于总结——不仅要总结方法，还要总结错误。这样做完之后才会有所收获，才能举一反三。

最后，厘清脉络。要对所学的知识有个整体的把握，及时总结知识体系，这样不仅可以加深对知识的理解，还会对进一步的学习有所帮助。

高等数学中包括微积分和立体解析几何、级数和常微分方程。其中尤以微积分的内容最为系统且在其他课程中有广泛的应用。微积分的理论是由牛顿和莱布尼茨完成的(当然在他们之前就已有微积分的应用，但不够系统)。无穷小和极限的概念、微积分的基本概念的理解有很大难度。

一、"新书籍"的新挑战

在理念、体系、形式和内容等方面，新书籍都有了巨大的转变，体现了时代发展的要求和素质教育的宗旨。但正如所有改革的初始，新与旧之间总会产生摩擦与碰撞，新书籍在带来新理念、新思维的同时，给课堂也带来了强烈的震撼，广大教师也面临着更大的机遇和挑战。如何领会新书籍、把握新书籍，使教法改革与书籍改革达到完美统一，在蓬勃发展的教育改革中充分展示新书籍的魅力呢？经过一段时间的学习和实践，笔者认为，在新书籍教学中应在教育观念、教学方法以及激发学生的学习兴趣、培养学生的数学思维等方面进行深入细致的探讨和研究。

(一)深刻领会新书籍的基本理念，切实转变教育观念

实验版新书籍的基本出发点是促进学生全面、持续、和谐地发展，其基本理念是突出体现普及性、基础性和发展性，关注学生的情感、态度、价值观和一般能力的培养，通过教授数学知识，使学生获得作为一个公民所必需的基本数学知识和技能，为学生的终身可持续发展打下良好的基础。新书籍首先对教师的教育观念提出了挑战，要求教师不再作为知识的权威，将预先组织好的知识体系传授给学生，而是充当指导者、合作者和助手的角色，与学生共同经历知识探究的过程。对此，教师要有深刻的认识，要立足学生终身发展以及参与未来竞争的需要，切实转变教育思想，树立以育人为本的观念，适应时代发展和科技进步的要求，着力培养学生的创新精神和实践能力，促进学生的全面发展。教师教学思想的转变是用好书籍、搞好书籍实验、提高教学质量的重要前提。只有教学观念与新书籍的基本理念相吻合，熟悉并研究新书籍和新的教学方法，从而逐渐过渡到熟练地驾驭新书籍，才能变挑战为机遇，更好地使用新书籍，使新书籍充分发挥其作用。

(二)充分利用新书籍良好的可接受性，努力激发学生的学习兴趣

学习兴趣是学生对学习活动或学习对象的一种力求认识和探索的倾向。学生对学习产生兴趣时，就会产生强烈的求知欲望，就会全神贯注、积极主动、富有创造性地对所学知识加以关注和研究，因此，人们常说兴趣是最好的老师。新书籍在编排上版式活泼、图文并茂，内容上顺理成章、深入浅出，将枯燥的数学知识演变得生动、有趣，有较强的可接受性、直观性和启发性，对培养学生的学习兴趣有极大的帮助。教师要善于运用幽默的语言、生动的比喻、有趣的例子、别开生面的课堂情境，激发学生的学习兴趣；以数学的广泛应用，激发学生的求知

欲望；以我国在数学领域的卓越成就，激发学生的学习动机；还要挖掘绚丽多姿而又深邃含蓄的数学美，给学生以美好的精神享受，培养学生对数学的热爱。总之，应通过多种手段、多种方式、多种途径不断激发学生学习数学的兴趣，让学生感受到数学中充满了美，数学也是一门生动活泼的科目，以取得更好的教学效果。

（三）围绕过程与方法，加强学生创造性思绪的形成和创新能力的培养

数学学习是再创造、再发现的过程，必须要有主体的积极参与才能实现。改革后的新书籍将教学知识形成的基本过程和基本方法贯穿始终，这是培养数学思想和创造性思维的重要方式。在新书籍的教学中，应紧紧围绕这一点，从学生的实际出发，结合教学内容，设计出有利于学生参与的教学环节，引导学生通过实践、思考、探索和交流，获得数学知识，发展数学思维，提高创新能力。

1. 引导学生积极参与概念的建立过程

传统的教学中，基本概念、基本知识常常是要求学生死记硬背的。新书籍开拓了新的思路，应积极引导学生关注概念的实际背景与形成过程，使学生了解概念的来龙去脉，加深对概念的理解，培养学生教学思维的严谨性。

2. 引导学生积极参与定理、公式的发现与证明过程

在这个过程中，让学生掌握数学证明的思想脉络，体会数学证明的思维和方法，培养学生数学思维的独创性。

3. 利用新书籍中多次出现的"一题多解"的例子，引导学生积极参与问题的不同角度、不同思路的探索过程

通过"一题多解"让学生寻求不同解法的共同本质和思考方式的共性，最终上升到多解归一、多题归一的高度，使学生初步掌握数学方法和思想。可以让学生分成不同的小组，从不同角度对这一问题进行探索和研究，答案虽然一样，但却可以得到多种不同的表达方式。这一过程既让学生学会了分析问题的方法，又扩展了学生的思维空间。

4. 鼓励学生积极参与开放性课题研究

在研究过程中，学生可以将数学知识运用到实际生活中，这也是一个极好的实践、思考、探索和交流的过程。由学生自行设计数据表格、提出问题、利用所学知识解决问题、给出评价，做成一个小型的数学报告或数学论文。通过这种开放性课题的研究，学生既提高了数学语言的运用能力和逻辑思维能力，又加深了对知识的理解，获得了新的知识，增强了合作意识，发展了创造性思维和创新能力。

二、"大学数学"的新要求

在数学思想和方法对世界经济和技术发展起着越来越重要作用的形势下，大学数学基础课的作用至少有以下三个方面。

首先，它是学生掌握数学工具的主要课程。目前的主要问题是，对"工具性"的理解过窄，甚至把数学基础课看成只是为专业课程服务的工具。历史的经验告诫我们，这将导致学生基础薄弱、视野狭窄、后劲不足、创新乏力，十分不利于面向 21 世纪人才的培养。

其次，它是学生培养理性思维的重要载体。从本质上讲，数学研究的是各种抽象的"数"和"形"的模式结构，运用的主要是逻辑、思辨和推理、理性思维方法。这种理性思维的训练，是其他学科难以替代的。这对大学生全面素质的提高、分析能力的加强、创新意识的启迪都是至关重要的。

再次，它是学生接受美感熏陶的一种途径。数学是美学四大中心建构(史诗、音乐、造型和数学)之一。将杂乱整理为有序，使经验升华为规律，寻求各种运动的简洁统一的数学表达等数学努力的目标，都是数学美的表现，也是人类对美感的追求。

大学数学教育改革要转变教育观念，用正确的教育思想指导改革的实践。要以数学统一性的观点，从全面素质教育的高度来设计数学基础课程的体系。把微积分、代数、几何以及随机数学作为大学非数学专业的四门必修基础课，并把这一系列课程统称为"大学教学"。

根据数学教学自身的特点以及长期实践的经验，大学数学的课堂教学学时应保持基本稳定。尤其是理工和经济管理类专业，不应少于 60 学时，其中少数对数学要求较低的学校和专业，也不应少于 40 学时；农林类各专业，不应少于 60 学时；医科类力争不低于 140 学时；文科类争取达到 140 学时。数学教学的课程安排不能过于集中，最好不少于两个学期。

要充分认识数学教育改革的艰巨性，大力加强教学方法改革的研究和实验，努力加强数学教学中的实践环节。指导思想应基本一致，具体做法则要因校制宜、百花齐放、突出特色。

第三节　高等数学与现代教育思想的统一

多年来，学术界对课程与教学的关系问题一直争论不休，致使课程与教学之间的区别和彼此之间的联系具有不确定性。尽管人们在界定课程与数学的概念时，似乎已显示出二者之间较为明晰的界限，如奥利瓦认为："课程是方案、计划、内容和学习经验，教学是方法、教授活动、实施和描述。"①麦克唐纳德把课程看作是活动计划，而把教学看作是计划的运用。这些界定都力图把课程和教学看作是学校教育的两个子系统或亚维度，但这种表面化的概念限定并没有使课程和教学的关系得以厘清，课程论和教学论的学科领地之争也还将延续下去。下面重点介绍下奥利瓦总结的四种课程与教学关系的模式。

二元论模式：在二元论模式中，课程位于一边，而教学则位于另一边，二者从不相遇，两个实体之间存在着一条鸿沟，在教师指导下的课堂上所发生的一切似乎与课程计划中所阐述的课堂上应该进行什么没有什么关系，课程设计者和实际教学工作者互不理睬，对课程的探讨与课堂上实际传授的内容相脱节。在这种模式中，课程和教学过程的变化没有什么互相影响。

连锁模式：在这一模式的每一种形式中，教学和课程的位置没有什么特别的意义，无论在左边还是右边，都蕴含着同样的关系。这一模式清楚地说明了这两个实体相结合的关系，如果把一个同另一个分离开来，对两者都会构成严重的损害。

同中心模式：相互依赖是同中心模式的主要特点。在这一模式中，课程与教学并不是两个独立的系统，一个被视为另一个的亚系统，A、B的变化表达了当一个实体占据主导位置时，另一个则处于次要的地位。同中心模式A使教学变成了课程的一个亚系统；同中心模式B则把课程纳入教学的一个亚系统。这一模式反映出了一种清晰的等级关系，在模式A中课程占优势，教学不是一个独立的实体，而从属于课程；在模式B中，教学占优势，课程则从属于教学。

循环模式：在循环模式中，课程与教学两个实体具有一种连续的循环关系。课程对教学产生了一种连续的影响，相反，教学也影响课程。教学决策的制定在课程决策之后，反过来，课程决策在教学决策实施和评估后被修改。这一过程是连续的、重复的、无止境的。对教学过程的评估影响下一轮课程决策的制定，继而又影响教学的实施。课程与教学用图表示为两个独立实体，但又不被看成是独立实体，而是一个圆体的两个部分，它们之间循环往复，以促使两个实体的不断适应与改进。

课程与教学的关系问题一直是困扰现代教育理论与实践的重大问题。现代教

---

① 马志颖. 当代课程与教学论[M]. 上海：上海交通大学出版社，2020：3-5.

育中的二元论思维方式是造成课程与教学分离的认识论根源，这种根源有着广泛的社会背景和现代科学基础。20世纪的教育是以课程与教学的分离为特征的。其实，早在20世纪初，杜威就系统地提出了整合课程与教学的理念。20世纪末，重新整合课程与教学已成为时代的要求，并与教学呈现出了融合的态势。对于课程与教学整合的新理念及相应的实践形态，美国学者韦迪用一个新的术语来概括，这就是"课程教学"。

课程与教学论学位点的数学课程与教学论研究方向的研究生主要从事数学课程、教学、学习、评价与数学教师专业发展方面的研究，为我国数学教育研究领域培养专业知识丰富、富有问题意识和创新能力、能够独立开展数学教育研究的高级专门人才，为基础教育输送高层次的数学教师。

第二章　高等数学教学内容研究

第一节　普通高校高等数学教学内容的改革

高等数学是高等院校理、工、医、财、管等各类专业的一门基础理论课，其涉及面之广仅次于外语课程，可见该课程之重要。随着现代科学技术的飞速发展和经济管理的日益高度复杂化，高等数学的应用范围越来越广，正在由一种理论变成一种通用的工具。因而高等数学的教学效果直接影响着各类大学生的思想、思维及他们分析和处理实际问题的能力。如何改进教学内容，优化教学结构，推进教育改革向纵深发展，使学生在有限的课时内学到更多、更有用的知识，是新时期我国高等数学教学改革的一大课题。

一、高等数学教学中存在的问题

(1)高等数学教学内容陈旧落后。教学内容总体上沿用 20 世纪 60 年代的体系，几百年来教材体系本质上没有多大的变化，仍离不开旧教材的框架和模式。突出的问题表现在重知识的传授、轻能力的培养，重技巧的训练、轻数学思想的学习，重理论教学、轻数学应用的训练，经典较多、创新不足，连续较多、离散不足，分析推导较多、数值计算不足。缺乏现代数学的思想、观点、概念和方法，也缺乏现代数学的术语和符号。随着科学技术的不断发展，原有的内容和体系离今天的实际已越来越远，学生从课堂上所学到的数学知识在实际生活中用不上，而在实践中能够用得上的，课堂上却又不学或者很少学到，这种教学与实践严重脱节的现象极大地影响了人才培养的质量，也在很大程度上影响了学生的学习积极性和数学素质的提高。因此，改革教学内容和课程体系已迫在眉睫。

(2)教学时数和教学内容安排不合理。近几年来，在提倡创新教育和素质教育教学改革中，总的课堂教学时数普遍被压缩，各专业又争相强调本专业课程的重要性，高等数学作为公共基础课，课时得不到根本的保证，教学内容和教学时数的矛盾突出，不能很好地完成教学内容，无法满足后续课程和相关专业的需要。而高等数学课程内容又强调尽可能完整，理论阐述尽可能详尽，结构体系尽可能严密，缺乏对现代数学知识的更新和补充，忽视了在实际生活中的应用，课程灵活性不够，少有兼顾学生和社会发展的真实需求。培养出来的学生适应能力差，后劲不足等，大学的教学质量令人担忧。

(3)高等数学的应用面窄，仅停留在古典的几何和物理问题上，很少涉及其他领域的应用，无形中限制了高等数学应用的广泛性，在内容和方法上缺乏工程中惯用的方法介绍，实用性较弱。

(4)忽视建模能力和实际计算能力的培养。事实上数学建模是培养学生综合运用所学知识解决实际问题的最好方法和途径，而现行教学内容则偏重于解题技巧，忽视了数学建模训练和与计算机有关的数值计算方面的训练。

二、调整和优化高等数学教学内容

国家教委人文社会科学研究"九五"规划立项课题"工科数学教学内容和课程体系改革的研究与实践"课题组提出了工科大学生必备以下四个方面的数学基础：连续量的数学基础——以微积分为代表的工科数学分析基础；离散量的数学基础——以线性代数和解析几何为主体的代数与几何基础；随机量的数学基础——概率论与数理统计；数学应用基础——以数学建模、数值计算和数据处理为主体的数学实验。

(1)在教学过程中增加历史人物与历史背景的介绍。这样，一方面，可以活跃课堂气氛，给学生创造出一种轻松愉快的氛围，从而提高学生学习高等数学的兴趣。另一方面，可以增加他们发现问题与研究问题的欲望，从而提高学生学习高等数学的积极性。

(2)根据当代科技与数学科学的发展，对教学内容进行吐故纳新，处理好传统内容与现代内容的关系。用现代数学的观点、思想、方法统率和改革传统的教学内容，促进分析、代数与几何的相互渗透和有机结合，促进教学内容的重组和体系的更新，淡化运算技巧和训练，强化综合应用能力的培养。在讲解经典内容的同时，注意渗透现代数学的观点、方法、术语和符号等，为现代数学适当地提供内容展示的窗口和延伸发展的接口，培养学生获取现代数学知识的能力。

(3)淡化抽象理论部分，加强其直观性。在内容主次处理上，突出重点，对概念强调理解，对定理、公式强调背景和应用。如对极限分析定义的处理，我们一改过去过多讲述分析定义的做法，通过极限的描述性定义和应用举例，使学生充分理解权限思想方法的实质，了解这一思想方法的应用价值，使学生一开始就从中解脱出来，这样既使学生对极限思想有了充分的认识，又扫清了学生对极限概念学习的障碍。在教学内容改革中，我们还对一些传统的理论推导做了新的改进，如对于几个中值定理的推证，突出了其几何特征的说明，通过几何特征的分析，减少了其抽象性，加深了理解。

(4)增强应用性。高等数学不能像过去那样以培养学生的抽象思维和逻辑推理为目标，而应培养学生实际工作中解决问题的能力。在教学内容的选择上应增强应用性，使数学应用与数学理论有机结合起来。为此在教材中除了保留原有的几何、物理、电学方面的例子外，还引入了如经济学、生物学、天文学、医学等领域的例子，力求用形象的典型实例来阐明数学的观点，以增强学生的应用意识，使学生感受到数学不是枯燥无味的知识积累，而是帮助人们解决实际问题的必不可少的工具，从而提高学生的学习兴趣。

(5)加强数学建模和数值计算，培养学生运用数学知识分析问题和解决问题的能力。在教学内容上，我们以数学建模为应用的主线，引导学生将错综复杂的实际问题，抽象为合理的数学模型，例如，在一元函数的应用中，建立数学模型"产销平衡状态下的最优价格"和"一个能装500立方厘米饮料的铝所用材料最少的尺寸"；在微分方程中，用数学模型"悬链线方程"理解高阶微分方程。通过不断的训练使学生能够把实际问题转化为数学问题，使学生感到对高等数学的学习是学有所用的。在突出应用过程中，我们把扩大数学的应用面与数学建模能力培养结合起来，广泛涉猎不同领域的知识，这样不但使学生感到高等数学具有广泛的应用性，而且使学生建立数学模型的能力有了进一步的提高。

三、高等数学教学内容改革成效和成果

通过高等数学教学内容改革实践，高等数学教学体系取得了一定的成效。体现在：强化了基本概念的引入，注重阐明基本概念的实际背景；突出应用，加强了数学建模内容；重视数值计算与计算特征，为提高学生的计算水平提供了素材；体现了数学在工程运用方面的特点，有利于将数学方法运用于工程技术中。具有一定的实效性：削弱了理论推导，增强了内容的直观性；削弱了理论教学时数，加大了教学单位时间的知识含量，提高了教学效率。采用教学内容改革后的教学方式，学生在课堂纪律、课前预习、完成作业、主动发言等方面都比教学内容改革前的教学有明显的提高。本课题研究了不同层次、不同专业对数学知识的基本要求，针对学生情况和专业需求，遵循"必需、够用"的原则，将高等数学课程分为不同的教学内容、教学要求和学时层次。

　　高等院校作为培养高素质人才的摇篮，加快构建适应新时期发展需要的人才培养模式，是当前高等院校教学改革的关键。事实表明，现代科学技术的发展和社会的进步离不开数学，这使得高等数学的教学在高等教育中的地位日益重要；又由于数学在各个学科、专业的广泛应用，学习数学已成为人们用来提高思维能力的重要载体，这就要求教师在教学过程中，严格遵循教育的发展规律，积极探索和研究高等数学教学内容的改革，不断提高学生的创新思维能力，努力培养适应社会主义市场经济需要的高素质人才。

四、中美高等数学教学比较研究

　　本书从中美高等数学课堂教学的教育观方面、书籍建设及教学大纲方面、教学环节设置方面、教学内容及方法方面、学生接受程度及课堂表现方面进行比较研究，尝试制定有利于提高学生数学学习能力的课堂教学新模式。

　　高等数学是普通工科类高等院校的一门基础学科，而工科高等院校培养的是具有实践能力的实用型人才，因此数学教学应符合工科学生的培养要求，使数学真正成为一门具有实用价值的基础学科。

　　基于此，笔者对中美两国工科院校的高等数学教学环节进行比较，针对国情，依据学生特点，制定出有利于提高学生数学学习能力的课堂教学新模式，让学生自发地爱上高等数学，将高等数学广泛应用在工作实践中。笔者认为对数学联想能力、数学翻译能力、数学分析能力、数学洞察能力、数学自学能力、数学抽象思维能力、数学逻辑推理能力、数学建模能力、数学处理分析数据的能力等方面有针对性地进行教育，有利于创新人才和实用型人才的培养。

（一）教育方面

　　美国相较中国来说是一个年轻的国家，充满活力的美式教育注重培养学生的团队精神和领导能力，倡导学生树立自信心，鼓励学生个性发展。

　　中国自古重视教育，在古代，学生学习的动力是金榜题名，成绩成为评判优劣的决定性标准；在现代，学校教育主要是教师的传授，重视的是知识的传承，培养的是可以适应各类标准化考试的学习型人才。

（二）书籍建设及教学大纲方面

　　美国的书籍突出实际应用问题的解决能力，问题的引出往往从特殊到一般，先给出实际问题，通过解决问题总结出相应的理论，每一个理论往往又由若干个实际问题进行进一步强化，加深巩固。每一个知识点都是为了培养学生的理解能力，会在书籍中用通俗易懂的实例反复讲解。书籍注重数学思想的引入，不拘泥于概念和逻辑上的严谨。课后有大量由实际问题构成的习题，能够发展学生的数学思维，构建数学建模思想。

中国的高等数学书籍则是习惯先给出逻辑严谨的定理理论，对其进行严格的证明推导，然后根据这个定理去做题，往往直接套用公式，使定理掌握得扎实、准确。书籍设置遵循着从一般到特殊的过程，知识介绍得全面、深刻。课后多为理论推导和数值计算两方面的习题，让学生反复练习，加强运用。

目前我国高等院校的数学课程结构，远不能适应人们数学培养乃至国民全体文化素质发展的需要。在高等院校普及数学文化教育已经势在必行，但是还有很多亟待解决的问题，如课程建设上将数学文化融入数学教学，迅速培养一支能够满足数学文化教学需要的教师队伍，把书籍建设迅速提上日程等。

(1)重视概念的实际背景。新书籍并非将高等数学仅仅作为专业课的教学工具来看待，而是以提高学生素质为己任。在引进较难观点、较为抽象的概念时，不讲"空头"理论，要有实际背景。数学的定义和定理一般较为抽象，如不介绍实际背景，对学生而言，难以接受和理解，难以应用。而数学原本源于实际问题，应从问题入手，让学生有一种身临其境的参与感。学生经历了提出问题、讨论问题、解决问题的全过程后，数学的定义和定理不再枯燥乏味，而是富有活力的开门钥匙。所以书籍的这种设计旨在激发学生主动感知的能力。

(2)起点低，有坡度。数学书籍的开头十分重要。如果一开头就让学生感到门槛太高，从而产生畏惧心理，就会对教学不利。新书籍应采用低起点，并力求用浅显易懂的语言来表达。而书籍在低起点的同时，还要注重坡度。新书籍编排中力求各章节要有坡度，使学生通过步步攀登最终到达较高的境界。这种做法实际上就是遵循了从具体到一般，再由一般到具体的再认识过程。

(3)例题典型，习题丰富。新书籍应配置一定量的例题。在例题的筛选上注重典型，在新书籍中尽可能反映高等数学在其他学科中的渗透和应用。尽可能不局限在孤立地解某种特例上，而是寻求从一类题型中总结出一般性的规律来，以期举一反三。设计少量带有实际意义的数值计算或利用数学软件计算的习题或研究性的小题目等等，使学生在接纳知识时能够消化吸收，运用于实际，提高学生的数学素质，从而提高应用数学去解决实际问题的能力，真正把知识掌控好。习题按小节进行配置，注意兼容各种基本知识、各种题型，难易结合，留有充分的选择余地，满足各层次水平学生的需求。

(4)充分应用计算机技术。高等数学作为经典学科已经十分成熟，体系完整、结构完整。要特别介绍常用数学软件的应用，使学生较早地了解数学建模思想和数学工具软件的强大作用。

学习数学建模的思想和建模的方法以及建模的应用，同时重视课件规划和建设，充分利用现代科学技术手段，把传统书籍建设与多媒体载体形式有机结合起来。为方便教师教学，尽可能地配备相应的电子教案，使教师易教、学生易学。

为了使数学教学更加适应培养面向 21 世纪高技能应用型人才特色目标的要求，不仅要培养学生的逻辑推理能力、几何直观能力和运算能力等，还要培养他们结合计算机研究解决实际问题的应用能力。因此，高等数学教材建设应突出培养高技能应用型人才，强调数学的思想与方法，重视计算机技术的应用，注重提高学生的创新应用能力。

（三）教学环节设置方面

美国的课堂教学遵循着提出问题—解决问题—得出结论的方式，教师走到学生中间去，鼓励学生大胆说出自己的想法，不否定、不纠正，通过大量的实例加深对理论的运用。

中国的课堂教学仍以教师传授为主，遵循给出定理—定理证明—运用定理的方式，受教学进度影响，课堂上学生很少有讨论、解决问题的时间。教师在课堂上尽可能多地传授全面的数学理论知识。高等数学没有开设实验课，数学理论与数学软件的应用能力相脱离。

（四）教学内容及方法方面

美国的课堂采用图文并茂的教学课件，书籍的正文和习题都采用了大量的图片，使学生读起来生动有趣，可以更好地发现规律，让数学变得不那么枯燥。教师会把讲义、习题解答、实验放到资源共享平台，通常板书少；会针对课程内容安排多次小考，计入平时成绩，发现舞弊者，不允许参加期末考试，停课一学期。教师上课讲解知识要点，期末考试内容相对较简单，无重点。

中国的课堂教学缺乏这样生动的课件，教学内容体现在课件上，条理清晰，知识量大，适当增加了知识的难度，为一部分考研人提供依据。教师在课堂上除了运用课件，还要书写大量的推导过程、计算方法。期末大考计入总成绩，平时成绩根据出勤率、交作业情况酌情计入。教师在课堂上对知识的讲解透彻全面，典型题反复练习，对考试题型范围多次讲解渗透。

（五）学生接受程度、课堂表现方面

美国课堂学生与教师融为一体，共同解决问题，学生参与度高，学生的情绪高涨，解决问题的能力较强。课堂上随时向教师提出问题，针对有问题的地方认真思考，积极动脑。学生上课随时保持高度集中状态，因为课后作业量大，需要

自己分析问题，触类旁通。这样调动了学生学习的主动性、积极性。

中国课堂一些学生往往不认真听讲，对教师提出的问题毫无兴趣，参与度不高，教师与学生互动少，学生对知识只有机械记忆，解决问题的能力欠缺。课后作业多半等待教师讲解，欠缺独立思考的能力。

五、转变教育观念，尝试制定有利于提高学生数学学习能力的课堂教学新模式

学生由被动的接受式教育转变为自主探究式教育，并结合我国国情及工科院校学生的实际特点，完善高等数学课堂教学新模式。

单元学导式教学模式——对每一小节的内容采取学生自主学习的模式，学生勇于提问质疑，教师在讲解知识的同时注重解决学生易混淆、难于理解的问题，做引导学生学习的引路人。

前后对比式教学模式——每一章节的内容、章节之间的关联，指引学生找到相同点和不同点，加深对知识的理解和应用。在每章结束后，适当增加小考，加深认识，易于数学知识的掌握。

任务驱动式教学模式——在整个教学环节中，时刻布置学生数学学习的相关任务。在课堂上适当地引入实际问题，以小组为单位去探讨，寻求相关数学知识的构建，在各种不同结果的对比中，引导学生参与到数学中来，提高学习兴趣。

每月及时地安排一些小课题研究，结合所学的高等数学内容，鼓励学生走向社会，解决企事业单位的实际问题。

高等数学是工科院校的基础学科，学好高等数学有利于学生解决工作中的实际问题。因此，转变教学观念，制定有利于学生自主学习的教学模式显得尤为重要，还要在实践中不断探索发展，逐步完善。

六、高等数学教学模式的创新研究与实践

创新教育是在当前发展环境中对高等教育提出的新标准，高校领导人是高等学校实行教育的领导者和设计者，在当前教育背景下，要对数学教育理念进行改变，并且要带动高等教育教学方式的持久性和创新性。而高等数学教师在当前环境中也要和时代发展相同步，根据实际情况对高等数学教学方式加以创新，对于高等数学科学发展意义重大。

（一）当前高等院校中高等数学教育教学情况

创新教育已经成为国内高等教育改革的重要内容，而高等数学是现代科学和

技术发展的基础，和其他的学科有着千丝万缕的联系，在相互作用下得到快速的成熟和发展，其重要性也受到了越来越多的重视。通过创新教育来带动高等数学教学方式的创新，是改变高等数学教学研究模式的基础，同时也是市场经济给高等数学带来的全新标准，其目的就是为社会科学行业培育出大量的研究性高等数学人才。

（1）教学方式较为老旧。当前一些高等院校在开展高等数学教育教学改革的过程中，会使用大量的先进教育教学理念和方式，但是国内还是有一些高等数学课堂教学中仍在使用陈旧的教学方式，而这些院校中还包括了一些著名的高等学校，这些学校中的教师在高等数学教学过程中依旧使用拉板书和念教案的方式。传统的高等数学教学方法对数学基础扎实的学生可以说是较为合适的，因为这样的学生具有很强的接受能力，但对数学基础薄弱的学生来说就不太合适了，并且这种方式对于大学生来说，不利于他们在高等数学课堂教学中进行良好学习习惯的培养。

（2）对现代教育技术过度依赖。现代教育技术的全面推广使得高等数学课堂教学出现了前所未有的改变，特别是对一些较年轻的教师而言，现代教育技术是一种不能缺失的教育教学工具，但是同时也导致了教师在高等数学课堂教学中对多媒体技术的过多依赖。虽然现代教育技术带动了高等数学教育的教学改革，但是因为过度地使用现代教育技术，反而阻碍了教学质量的提高。一些年轻教师过度使用现代教育技术的情况并没有如预想般地提高高等数学的教学质量，而是在一定程度上对其质量产生了降低的效果，将现代教育技术变为高等数学课堂发展的阻碍。

（二）高等数学教学方法创新探究

在高等数学教学课堂上普遍存在的问题是，部分学生在课堂上听讲不够专注，学习兴趣不高，对课堂知识的掌握程度不够深入，课下无法独立解决相关知识习题等。

以国际交流学院学生为研究对象，分两个阶段进行实践研究，上半年采取传统教学模式，下半年采取创新教学模式，学生由被动的接受式教育转变为自主探究式教育，学生学习数学的热情提高，学习数学的任务明确，学生的数学成绩普遍提高，取得了很好的教学效果。

（三）学导式教学模式

在以往的传统教学中，教学大纲、教学内容、考试安排等都由教师一人掌握，学生只能跟着老师的思路走，渐渐失去了学习的目标和计划，缺失了学习的自主权和积极性。教师在课堂上适时地给出课程的内容纲要、重点和难点、关键问题，有条件的情况下，可以鼓励他们准备高等数学学习纲要参考书，从而了解高等数学的层次脉络，制订适合自己的学习计划，有能力的学生还可扩展课外知识，达到自主学习的目的。在课堂上，教师应摒弃书本就是权威的思想，鼓励学生质疑，阐述自己的想法，逐步引导学生理解并掌握数学知识。

学生在课堂教学中展现出自主学习状态，对问题可以大胆抱有迟疑态度，教师在教学活动中只做引导、指明方向的引路人。鼓励学生多参与问题的讨论，对不懂的、有争议的题目可以互相交流，理清脉络，疏通知识点。教师在讲解知识点时注重学生易混淆的地方，引导学生把前后知识点串联起来，厘清知识脉络，用图表或口诀的形式，对高等数学的微积分学做树状分析，求同存异。在教授过程中，不能局限于定义的给出、定理的证明、习题的解答，更应注重定义的类型与结构、定理的条件和结论、数学知识间的内在联系，做到消化—吸收—利用的循环过程。结束后，及时布置任务，加深认识，发展学生的联想能力、分析能力、洞察能力和自学能力。

（四）激发式教学模式

激发教育，是在我国教育改革的不断深化下提出的具有重要理论和实践意义的教育模式，有利于创新人才和实用型人才的培养。高等数学作为工科院校的一门基础学科，历来受到广泛关注。激发教育渗透在高等数学课堂教学中也受到了很多数学教育者的关注。

激发教育需要师生的互动、配合，因此在教学活动中既要考虑到教师自身的饱满热情、充沛精力，也要照顾到学生学习的情绪波动、学习周期，以人为本、师生配合，才能让激发式教育方法更好地实施，最大限度地提高学生的数学学习能力。

激发即激励与开发，激励学生的内在学习兴趣和学习欲望，培养学生的自主学习能力；开发学生潜在的学习能力和研究能力，引导学生探究未知的能力。

（五）任务式教学模式

由于针对的是工科高等院校的数学课堂，因此学生更需要掌握的是实际解决问题的能力，教师可以在课堂上适当地引入实际问题，以小组为单位去探讨，寻求相关数学知识的构建，在各种不同结果的对比中，引导学生参与到数学中来，提高学习兴趣。

时刻布置学生数学学习的相关任务，让学生参与到数学中来，课下布置相关的数学习题、实际问题等，让学生更加清楚地理解所学内容的目的和意义，发展学生的翻译能力、建模能力。

（六）实验式教学模式

在正规课堂教学以外，可以适当地增加一些实验课程，作为辅助教学的手段，从而增强高等数学的实用性和可行性。每月及时地安排一些小课题研究，结合历年的高等数学内容，鼓励学生走向社会，解决企事业单位的实际问题，发展学生处理分析数据的能力。

（七）深入有度，增强学生的自信心

高等数学教师在课堂上的教学要坚持深入浅出的原则，这样才能保证教师传授的知识学生可以吸收，并且可以增强学生在高等数学学习中的自信心，更好地完成高等数学学习任务。

（八）示范结合练习，带动学生的积极性

学生在高等数学课堂学习的过程中会产生一些问题，当这些问题只有一定的难度，特别是在学习和练习中从未见到过时，学生的分析思路是混乱的，无法规范书写解答过程，这时教师就不能简单地指导解题思路了，而是要对这类问题做解题示范，传授给学生正确的分析思路，这才是帮助学生解决问题的正确方式。除此之外，教师也可以对难度系数大的问题只解答一部分，让学生学会解题思路，之后解题的部分让学生单独完成，这样也可以帮助学生在高等数学课堂教学中真正地学到解题方法。

（九）重视基础练习，分散解题难度

在学习高等数学阶段，多数学生都会有基础知识不够用、解题方法掌握不牢靠等情况，这种情况很容易导致学生学习高等数学效果不好，所以教师要指导学生多进行基础性知识方面的强化练习。例如高等数学教师在讲授计算平面图形面积的过程中，可以指出方程组求交点是较为基础的知识点，可以利用一些会涉及的计算平面图形面积的题目，作为解方程组的重点练习内容，不需要急于要求学生来计算面积，这样可以让教师帮助学生解决这类问题。高等数学教学中教师在讲授二重积分计算题过程中，正确画出积分区域，并且使用集合来表现，这些都是非常基础的内容，教师在教学过程中可以进行激励，让学生练习画出积分区域，在这个基础之上使用集合来进行表达，使得每一个学生都可以了解这类方式，学会二重积分计算，这样可以帮助学生巩固高等数学中的薄弱部分，学生在以后的学习中对这种问题的解决也更加得心应手，对于提升高等数学课堂教学质量来说也是十分重要的。

在当前复杂多变的社会背景中，要积极地带动高等数学教育教学方式的创新，适应时代发展中越来越高的人才标准，这对高校高等数学教育来说是非常重要的。而带动高等数学教育教学方法的持续创新是对当前形势的一种适应，只有这样才能培养出高素质的应用型高等数学人才。上文中对高等院校中的高等数学教育情况做了分析，明确地指出了其中存在的问题，并对高等数学教育教学创新做了细致的探究，希望可以对高校高等数学教育提供一些帮助，给相关教师和学生一些启示。

第二节　高职院校高等数学教学内容的改革

当今知识经济时代，教育对社会的发展起着越来越重要的作用。近年来，高等职业教育迅速发展，为社会输送了相当多的高等技术应用型专门人才。高等职业院校也在蓬勃发展、茁壮成长，而作为高职教育必不可少的基础课程——高等数学，它一方面为学生后继课程的学习做好铺垫，另一方面对学生科学思维的培养和形成具有重要意义，其教学内容和教学方法也随着社会的需要不断地改革和更新。

（一）日益提高的培养要求与逐步缩减的教学课时之间的矛盾

随着高等教育体制的改革，高职院校调整了各专业的培养方案和课程设置，将教学重点放在培养高素质的实用型技术人才上。面对日益激烈的人才竞争和科学技术的快速发展，高职院校的培养目标进一步明确，培养要求进一步提高。当今科学技术发展的一个显著特点是学科之间的交叉与渗透日益增强，这种特点在信息学科尤其明显，这使数学在科学技术的各个领域都有用武之地。即使在曾经被认为与数学联系不多的化工专业，建立数学模型、运用数学方法和计算机技术解决生产中的实际问题，也已成为技术人员开展科学研究的有效途径。更不要说高等数学在计算机及工程类科学研究过程中所具有的重要意义。

高职院校培养要求的提高对高等数学的教学目标提出考验，但一方面提高对数学教育的要求，另一方面又缩减教学课时，这就造成教学内容多，但教学课时少的矛盾，使一些重要内容没有时间深入讲解，一些基本技能没有时间反复练习。这种蜻蜓点水式的教学方式必然不能满足日益提高的培养要求。课时的减少使得教师不得不对教学内容进行取舍和处理，然而由于教师本身素质的差异，很容易造成教学效果的参差不齐，还不能很好地满足后续课程的需要，大大影响教学效果和教学平衡。

同时，高等数学比较强调自身的完整性和系统性，缺乏应用上的相互联系，对培养学生应用数学的意识和能力不够重视，如果教师不能在教学过程中强化高等数学与实际应用之间的联系，则会在无形中增加学生的学习难度，使学生对高等数学产生畏难情绪，失去学习兴趣。而逐步缩减的教学课时减少了教师与学生的交流时间，无疑将影响学生对高等数学的学习热情。

（二）迅猛发展的科学技术与传统教学内容之间的矛盾

现在高等数学的教材编排与教学内容无一例外重于传授人类历史长期以来积累的科学文化知识，多为经典数学理论，体现了面向过去的特点。然而，在科学技术迅猛发展的今天，计算机科学与技术、离散数学、应用数学尤其是数学建模等科学理论已成为现代数学不可或缺的理论基础，这些理论在高等数学中的缺失很大程度上影响了教学的时代性和实用性。加之教材的编排多半存在重理论推导、轻数值计算，重运算技巧、轻数学思想的倾向，缺乏对现代数学知识的更新和补充，这样培养出来的学生既没有接受现代数学思想的熏陶，又没有运用所学知识分析和解决实际问题的能力，影响学生的综合素质提升。

高职院校培养的是高素质的实用型技术人才，因此，高等数学的教学内容应该紧跟时代步伐，并且注重数学教学与各专业教学之间的互动和联系，使学生及时将所学的知识运用到实际当中，不仅可以提高学生学习高数的积极性，还可以提升学生的综合应用能力。然而目前，高等数学教学内容与各专业教学脱节现象严重，虽然现代数学在自然科学、社会科学及工程技术领域发挥着越来越重要的作用，成为各学科实践中解决问题的有力工具，但数学教师对于具体的应用却还停留在数学模型的求解阶段，而对于模型的建立，却碍于各专业基础知识较多而难以深入。这就造成数学理论与实际应用相互脱节，使学生在学完数学理论后不知道怎样运用。

（三）应用型人才的培养期望与强行评价体系之间的矛盾

考试是高等教育中的重要环节，加快考试制度改革，完善考试内容和模式，对提高教学质量，实现培养全面发展的高素质、创新型人才的教学目标具有十分重要的意义。

教育改革已推行多年，培养高素质创新型人才的口号也已喊了许多年，然而由于受到传统教育模式及其他多种因素的影响，素质教育一直处在非常尴尬的境地。一方面传统应试教育不断受到抨击，另一方面由于评价体系的单一化，使得考试仍然是评价一个学生最重要的标准。于是"平时不上课，考前靠突击"成为高职院校学生应付考试的常态，一些学生平时课堂上不认真听讲，全靠考前突击复习。这样的考核方法不仅非常不利于培养创新型实用人才，还容易打击学生的学习热情，影响正确的学习态度。

二、高职院校高数教学内容的界定

笔者认为，各种高等数学教材的教学内容是相当全面的，涉及一元微积分及其应用、多元尤其是二元微积分及其应用、偏微分方程和线性代数的基础知识，部分教材中还有概率统计及数学软件实验的章节，非常符合高职院校的应用性准则。有时候，过于强调学生的基础不扎实及学生层次不均，反而是自己给自己设的障碍。对新生而言，他们是站在相对平齐的起跑线上的，作为数学教师，应该能够控制跑的长度，至于学生是否可以承受得起这段长跑，需要教师随时注意他们的不足，调整跑道的宽度。鉴于数学教学时间的不足，学生基础的参差不齐，为使学生真正掌握必需的数学知识，笔者认为可以对高等数学的教学内容及讲解的深入程度做一个界定。

（一）对高职院校高数内容的界定

可以根据不同的专业对课程内容进行创新设计、整合。降低理论要求，注重学生的运算能力、运用能力的培养，以达到既满足学生当前的需要，又能为其今后的发展打下一定的数学基础。但对大部分学生来说，高等数学是作为一门公共基础课而存在的。

（二）高职院校高数教学内容的界定原则

（1）概念和定义是区分事物的根本。在教学中必须强调对概念的理解，使学生一听到这个概念就知道它的本质，知道所说的是一个具体的什么东西，而且自己能推导联系其他与之相关的结论及一些应用的实例，至少能用一个例子对此概念进行分析。比如说到一元函数，就能准确地描述其定义：变量、集合和对应法则。进而能有具体的函数描述：指数函数、对数函数、三角函数等，它们的图像、单调性和周期性等，可以想到它们的应用，比如复利、信号波。

（2）对定理的证明和公式的推导，把握一个"度"，强调一个"用"。定理的证明在很大程度上是概念的应用和理解，比如在讲演完一元函数的导数之后，就可以让学生根据导数的定义式来推导具体函数，比如对数函数的导数。这样既可以加强学生对导数概念的理解，又增强了学生的动手能力，对学生思维能力的提高是很有益处的，从某种程度上，也使学生的自学能力得到了锻炼，在以后面对同样的问题时可以主动地去思考，而不是要教师提点才会去动手。

（3）着重注意各项知识的应用，尽量贴近现实生活，增加学生对数学的亲近感。例如，提到一元函数的导数（即函数变化率）时，重点应放在导数的实际意义上，使学生知道函数变化率在日常生活和生产中是能够经常碰到并引起人们关注的问题，如人口出生率、死亡率和电流强度变化率等，这样学生们会觉得数学很有用、有趣，他们听得懂、学得会，自然会对数学产生兴趣。

（三）必须掌握的基础内容

（1）函数、极限和连续。高等数学是以变量为研究对象的，初等函数是连接初等数学与高等数学的纽带，极限则是高等数学研究函数重要的思想方法。虽然学生高中时期已经接触到函数和极限，而且高等数学中对这两者的定义也和高中时期的相同，但教师还是应当对这两者进行必要的梳理，使已有的知识和方法条理化，形成良好的知识结构，并对如何学习高等数学，在学习方法和策略上做必要的指导。极限的概念和思想在高等数学中占有重要的地位，它的思想、方法贯穿整个高等数学的始终。极限也是人们研究许多问题的工具，这些问题涉及从有限中认识无限、从近似中认识精确、从量变中认识质变的过程。可以适当地将"ε-N 语言"介绍给学生，让他们对离散和连续的概念有所了解。因此这部分的重点应该是：①对初等函数的相关性质进行系统的复习，并重点介绍分段和复合函数以及求函数极限的基本方法；②使学生树立数学建模的思想，用函数的思想来解决实际的问题，根据实际问题来构造函数。因为学生以前接触过极限，接下来就需对极限做深层分析，强调应用极限思想求极限的前提条件等细节问题，这对培养学生严密的思维是很有益的，而且有助于加强对后面函数导数和积分的理解。

（2）一元函数的导数、微分和积分。微积分中的许多思想方法对于学生思维方式的形成和思维能力的训练都起着十分重要的作用，无论将来学生毕业后从事何种工作，微积分的数学思想方法都是不可或缺的。微积分教学中蕴含的数学思想方法有微分法、化归法、权限法、以直代曲法等，应引导学生将这些思想方法作为一种思维工具应用于专业知识和其他学科，并在以后专业课的学习中自觉地运用数学方法去思考，站在数学的角度去思考。一元函数微积分的思想可以归纳推广到多元函数，所以在讲解一元函数微积分时，就应该深入讲解微积分的定义及思想，并用比较直观的工具——图像或是计算机软件将这些思想及其形成的过程展现出来。这部分的重点应该是对函数微积分的初步认识和理解，以及用这些工具来判断函数的相关性质及其图像的大致特征，并且掌握函数导数、微分、不定积分和定积分。这是知识层面上的应用，更为主要的是把握这种划分的思想，就是极限思想的深入应用。着重讲解定积分的应用：几何方面——求图形面积或是旋转体的体积，物理方面——液体静压力和变力沿直线运动。但在应用微积分的知识解决问题的时候，也不要放弃传统方法的应用，比如求极值、求面积，对有些函数而言，用定义、图像反而简单。就是要求学生掌握各种方法的应用而不是学什么就用什么，对以前的知识要有回顾、总结和比较。

（3）多元函数的微积分。这部分其实是一元函数微积分的推广，只是内容稍微复杂，不过便于培养学生空间思维和对事物的归纳、推理、总结能力。这部分理论可以用与一元函数相关结论比较的方法来进行拆解。另外，可用常用数学软件 Maple，mathematica 等进行相关的数学计算实验，使求解数学问题变得快捷方便，这样就增强与扩展了运用高等数学求解数学问题的途径，也大大减轻了学生计算的负担，提高了学生学习数学的兴趣和信心。这部分的重点内容是求二元函数的偏导数及高阶偏导数，以及其在判断二元函数的极值点及极值中的应用、二元函数的全微分及二重积分的计算及应用。应注重加深学生对微元法及变分法的理解，对函数的微分及积分的概念有更深的理解，对微分和几何的结合有更深层的认识。

三、高职院校高等数学教学内容改革思考

（一）大胆取舍教学内容，做到重点突出

函数、极限、连续、导数、积分（尤其是定积分）是高职院校高等数学的核心内容，是后续专业课程学习的基础。而且函数的概念和性质、导数等内容与中学数学有紧密联系，因此应保持教学内容的基础性和连贯性。同时结合高职院校的特点，保留传统教材的基本结构，适当增删内容，更新部分概念和理论的表达形式，做到教学内容重点突出，在有限的课时内教给学生最重要的内容。

课程学时减少，教学内容必然要缩减。对前后相似的内容可考虑合并，对理论性太强或是偏难的定理可考虑少讲，或只介绍证明的思路和方法，重点放在定理的理解和应用上。高等数学中有许多平行的性质，对这些内容可考虑重点讲清楚第一次出现的性质，后续的性质略讲，让学生自学，这样既节省时间，又能锻炼学生的自学能力。同时在教学过程中，注重一元函数的教学，以一元函数为主，以多元函数为辅。因为多元函数与一元函数本质上是一样的，多元函数微积分在处理问题的方法上通常借助于一元微积分。

（二）积极结合专业课内容，着重培养学生的应用能力

高等数学课程不仅是学生掌握一些实用的数学工具的主渠道，更是培养学生的数学思维、数学素质、应用能力和创新能力的重要载体。数学教育本质上是一

种素质教育，可以说，高职教育培养人才素质的高低在很大程度上依赖于其数学素质及修养。因此，在高等数学教学中，特别要注意教学内容的吐故纳新，处理好传统内容与现代内容的关系。即在讲解经典内容的同时，注意渗透现代数学的观点、概念和方法，为现代数学适当地提供内容展示的窗口和延伸发展的接口，提高学生获取现代知识的能力；应当努力突破原有知识体系的界限，促进相关课程和相关内容的有机结合和相互渗透，促进不同学科内容的融合，加强学生应用能力的培养，淡化复杂的运算技巧训练，传授数学思想和方法。

在高职院校的数学教学中，应强化数学知识的实际应用能力，这部分教学内容应由其他学科教师与数学教师共同研讨确定，针对不同专业背景设置不同的应用内容。它的主要特点是体现专业性，其内容要体现一个"用"字，让学生感受"数学就在我身边""学习数学是发展的需要"。这部分的授课方式相对灵活，可以采用"讨论式"或"双向式"教学，也可由某一专业领域实际问题的数学应用展开。教学工作可由有工程背景或具有其他专业领域实践经验的教师来承担。这种跨学科的教学模式的设置，对学生的思维方式和创新能力的培养是十分有益的，也是一种全新的尝试。从某种意义上说，这正是多学科交叉融合的切入点，符合培养应用型人才的需要。

（三）改革评价体系，符合培养期望

为了更好地激发学生的创新意识，培养他们的创新能力，必须发挥考试的激励功能，通过考试的导向作用和调控作用，激发学生的创新潜质。

结合前面提到的强化数学知识的实际应用能力，在评价学生的学习效果时，可以通过基础知识考核、应用能力测试的方法。基础知识考核主要考核学生应该熟练掌握的基本概念、基本理论和基本方法，可以把高等数学必须掌握的基本概念和基本理论按照传统考试方式进行考核，采取闭卷笔试形式，成绩占总成绩的50%。这部分考核可由数学教师评判。应用能力测试主要考查学生运用数学知识解决实际问题的能力，由数学教师和专业教师共同命题，学生可以根据实际情况采取选做的形式。由专业教师评定专业知识和技能的运用是否恰当，数学教师评定数学方法是否正确，成绩占总成绩的50%。这样的考核方式不仅能有效评价学生，成为学生展示自己的平台，还可以彻底纠正临时突击等现象。

高职院校高等数学教学内容改革是一项长期的、艰巨的任务，并不可能孤立地进行，它与教育思想、教学理念、教学方法、教材建设和评价体系是密不可分的，是教学改革这个系统工程中的一个重要环节，是一个动态的过程。因此要不断地探索，逐步推动高等数学教学内容和课程体系的改革，为培养所需的具有创

新意识的应用型职业技术人才服务。

第三节　文科专业高等数学教学内容的改革

文科高数开设刚起步的院校，在教材选择、教学内容、教学方法上，都需要进行不断的探索和改进。文科高等数学的内容和结构如何突出传统的高等数学课程的内容和模式，使其具有明显的时代特征和文科特点；怎样把有关数学史、数学思想与方法、数学在人文社会科学中的应用实例等与有关的高等数学的基本知识相融合，使其体现文理渗透，形成易于为文科学生所接受的教材体系是值得我们认真研究的。

数学作为一门重要的基础课，在培养人才的整体素质、创新精神、完善知识结构等方面的作用都是极其重要的。因此开设文科高数的目的和要求有以下几点。

(1)使学生了解和掌握有关高数的初步的基础知识、基本方法和简单的应用。

(2)培养学生的数学思维方式和思维能力，提高学生的思维素质和文化素质。

在这两方面中，前者可以提高文科大学生的量化能力、抽象思维能力、逻辑推理能力、几何空间想象能力和简单的应用能力，为学生以后的学习和工作打下必要的数学基础。后者是对前者的深化，通过数学知识的学习过程，学生可以培养数学思维方式和思维能力，提高思维素质，培养"数学方式的理性思维"。这些对提高他们的思维品质、数学素质有着十分重要的意义。

当代大学生应做到精文知理，努力把自己培养成应用型、复合型的高素质人才。另外，从现实生活来看，一个人也要有一定的观察力、理解力、判断力等，而这些能力的大小与他的数学素养有很大关系。当然学习数学的意义不仅是使数学可以应用到实际生活中，还是在进行一种理性教育，它能赋予人们一种思维品质。良好的数学素质可以促使人们更好地利用科学的思维方式，分析解决实际问题，提高创新意识和能力，更好地发挥自己的作用。

二、文科高等数学教学内容改革的原则

对于文科学生来说，我们的数学教育不是为了培养数学研究者，而是为了培养他们的数学思想和数学思维方式。因此，选择的教学内容应以掌握和理解数学思想、提高数学素质为原则。

(1)知识的通俗性原则。文科高数所涉及的知识要使学生易于接受，数学既

是一种强有力的研究工具，又是不可缺少的思维方式。文科高数不能像理工科那样，要求有高度抽象的理论推导，在不失高数严谨性的情况下，适应文科学生的特点，做到严谨与量力相结合。

（2）教材的适用性原则。所学习的高数知识对文科学生来说应既具有一定的理论价值，又具有一定的实用价值，要真正使学生能够掌握数学运算的实用性理论和工具，如统计数据的处理、图表的编制、最佳方案的确定等等，以便文科学生成为合格的理智型人才，更好地适应社会的要求。

（3）内容的广泛性原则。文科高数应当是包含众多高数内容在内的一门学科，是对文科学生进行以知识技术教育为主，同时兼顾文化素质和科学世界观、方法论教育的综合课程。内容选取上像微积分、线性代数、概率统计、微分方程等初步知识，应是文科学生熟悉并初步掌握的。

（4）相互联系的非系统性的原则。数学是一门逻辑性很强的学科，每一分支的内容都具有较强的系统性和逻辑性。但文科高数受学习对象及实际需要的限制，其内容之间存在一定的相互联系，但非系统的，所以应把它作为一门文化课来看，不必追求系统和严密，目的是让学生学会用高数的方法思考和处理实际问题。

三、文科高等数学教学内容的探索

文科数学的教学目的是提高大学文科生的数学素质，所以在选取教学内容的时候，教师应尽量体现数学在文科学习中的地位，使其适合文科学生的特点和知识结构，将知识、趣味、应用三者有机地结合起来。语言通俗易懂，便于学生阅读；内容相对浅显，知识覆盖面大点，让学生掌握活的数学思想、方法和基本技巧。教师既要使学生学会，又要使学生真正理解数学思想的高妙之处，掌握数学的思考方式，使其具有良好结构的思维活动，具有科学系统的头脑，提高综合应用能力。如微积分的内容可有函数、一元函数微分学、积分学；线性代数的内容可包含行列式、矩阵、线性方程组等；概率的内容可有随机事件及概率、随机变量及分布、随机变量的数字特征。文科院校的高数课程较少，故我们主选积分思想方法、数学文化等方面的知识，让文科学生对数学有更广泛的理解。

对各部分内容的处理，我们改变传统的教学方式。如极限定义改变以往过多讲述、分析的做法，通过实例描述定义，使学生充分理解极限思想方法的实质，了解其思想方法的价值，真正体会极限思想的重要性和广泛性；对中值定理的推证，突出几何特征的说明，通过分析减少了抽象性，加强了直观性，以拉格朗日定理为主线，使学生理解几个中值定理之间的关系；线性代数主要阐明矩阵与行列式、矩阵运算与线性方程组之间的联系与区别，行列式计算只要求掌握简单的方法，降低运算的难度和分量，加强矩阵在解线性方程组中的作用和典型例子解法思路的分析；等等。这样处理可使学生学得好一点，真正提高教学效果。

当前是信息技术发展迅速的时代，计算机技术的发展为数学的发展提供了强大的工具，使数学的应用在广度和深度上达到了前所未有的程度，促成了从数学科学到数学技术的转化，成为当今高科技的一个重要组成部分和显著标志。数学教育必须跟踪、反映并预见社会发展的需要，大学文科的数学教育也应如此。文科学生选学一些适当的数学实验，通过亲自动手，可以提高对数学的兴趣，有助于培养其数学素质。

第三章 高等数学教学主体研究

第一节 高等数学教学的主导——教师

一、高等数学教学中发挥教师主导作用的搜索

高等数学是大学课程中一门重要的基础课，而一些学生认为高等数学课枯燥乏味，因此心生厌倦。对于这门集严谨性、抽象性于一身的课程而言，教师上课只注重"教"、轻学生"学"；重知识结论、轻思想方法渗透；重知识训练、轻情感激励；重个体独立钻研、轻群体合作探究；教师苦教、学生苦学，结果是付出多、回报少，学生学来的只是应试的数学，并不能真正体会数学的精髓，学生的素质得不到全面发展。要改变以上状况，必须通过教育者观念的转变，以及教学方式的革新来实现。笔者认为应当注重以下几点。

（一）端正学生的学习态度

学习态度直接影响学生的学习效果，学习态度对学习效果的影响作用，已被许多实验研究所证实，如果其他条件基本相同，学习态度好的学生，其学习效果总是远胜于学习态度差的学生。

良好的学习环境和学习氛围能使学生互相影响，形成良好的学习态度。一个人的态度总会受到社会上其他人的态度的影响。所以，应多关心学生的学习进展情况，对学生的学习态度和学习行为不断给予指导、检查和奖惩；同时，注意师生关系的和谐、融洽，学生喜欢任课教师，就会喜欢他所教的那门课，从而促进学生积极学习态度的形成和学习成绩的提高。相反，对学生的学习不闻不问、任其自由发展，或师生关系紧张，学生就会对该教师产生反感、惧怕或抵触情绪，并进而发展到厌烦该教师所教的那门功课，对该门功课采取消极的态度。在这种情况下，容易形成学生与学习之间的障碍，使学生少有积极的学习态度并难以获得优异的学习成绩。

再者，应提高学生的自我效能感，让学生体验成功，逐渐消除学习中的消极

情绪。自我效能感指人对自己是否能够成功地进行某一成就行为的主观判断。成功的经验会提高人的自我效能感，失败的经验则会降低人的自我效能感，不断地成功会使人建立稳定的自我效能感。要提高这些学生的自我效能感，教师就要正确地对待他们，当他们学习上受挫、考试成绩不佳时，切忌进行谴责和奚落，以防其消极情绪体验的产生。要帮助他们找出学习失败的原因，指导他们改变学习方法、增强信心。更重要的是，教师要在教学过程中创造各种情境，使他们在学习上不断获得成功，以产生积极的情绪体验，从而转变其消极的学习态度。

（二）转变传统的教学理念，注重教学方法的灵活应用

教学中应采用多种方法，如问题式、启发式、对比式、讨论式等教学方法。同时，组织班级成立课外学习小组，引导学生用所学的知识点建立相应的数学模型来解决实际问题。通过让学生参与教学活动、解决生活中的实际问题等措施，引导学生对问题进行深入思考和探究，开发学生的潜能。通过学生之间的相互学习、分工合作，促进学生对所学知识的深刻领悟，体会其精髓。并且根据数学课程教学的特点，充分利用技术手段，引进和自制课件，强调以教师的讲课思路和特色为主，通过精心设计教学内容，恰当地使用多媒体教学，可以很大程度地提高学生的学习兴趣和教学效果。

（三）重视数学思想方法的渗透

数学思想方法是形成良好认知结构的纽带，是知识转化为行动力的桥梁，也是培养学生数学素养、形成优良思维品质的关键。

1. 在概念教学中渗透数学思想方法

如定积分的定义由曲边梯形的面积引出，实际上分为四大步：分解、近似、求和、取极限，把复杂的问题转化为简单已知的问题来求解。这种思想方法也同样适用于二重积分、三重积分、线积分、面积分的定义，定义时和定积分定义的思想方法加以比较，使学生看到这几个定义的实质。在知识点对比过程中提炼升华数学思想方法。

2. 在知识总结中概括数学思想方法

数学知识不是孤立、离散的片段，而是充满联系的整体，在知识的推导、扩展、应用中存在着数学思想方法，需要学生在知识总结与整理中提炼升华数学思想方法，加深对知识点的理解。例如，在学习微分中值定理之后，对罗尔中值定理、拉格朗日中值定理、柯西中值定理之间的关系以及包含的数学思想方法进行总结，使学生从定理的证明与联系中体会到化归思想、构造思想与转化思想等，这样学生学到的是终身受用的灵活的解决问题的能力。

总之，要提高教学质量，教师不仅要有渊博扎实的专业知识，还要改变教育教学观念，有过硬的教学基本功，这就要求我们必须注重专业知识和教育理论的学习，真正使自己更上一层楼。

二、高等数学教师教学研究能力的认识与实践

高等数学教师主要指在高等院校从事非数学专业所开设的数学课程教学的教师。高等数学课程包括微积分、微分方程、线性代数、概率统计等。这些课程都是高等院校十分重要的基础课程，它承载着双重重任：既要为各个专业的学生学习后续课程提供数学基础知识、基本方法，又要培养学生的科学素质，以便他们可以在各自的专业领域进行科学研究和科技创新。具体地说，就是在数学中得到的精神、思想和方法在其他领域里的迁移。所以，高等数学教师的素质应是很高的，他们不同于专业数学教师，后者的教学对象是数学系的学生，而前者的教学对象是各个专业的学生，这就要求高等数学教师必须是通才、全才，他们不仅要有扎实的数学功底，还要熟知相应专业的基本知识，否则就难以胜任。

(一)高等数学教师应具备的素质

高等数学教师的素质应包括三个方面：一是基本素质，主要指教师所应具备的基本的科学知识、人文知识、外语知识以及现代教育技术知识。二是数学素质，主要指能胜任高等数学课所需要的数学学科知识，包括教师对数学的精神、思想和方法的领悟，对数学史的了解，对数学的科学价值、人文价值、应用价值的了解，还包括相当的数学解题能力和数学探究能力。这是高等数学教师专业内在结构的重要组成部分。三是教学素质，通常也叫条件性知识，是指高等数学教师所应具备的综合的教学实践能力，主要包括教学设计能力、教学操作能力、教学监控能力和教学研究能力。其中，教学研究能力是较高层次的能力，它是在前两方面基础上逐渐形成的，又反过来指导和服务于前两方面。下面将重点谈教学研究能力。

教学研究是指为解决教师在教学实践中所碰到或面临的问题而展开的研究，是源于教师解惑的需要且为了改变教师所面对的教育教学情境而进行的研究。它有两种基本形式：集体教学研究和个人教学研究。个人教学研究也可称为自我教学研究。无论哪种形式，其目的都是为了提高教学质量，促进教师的专业成长。特别地，后者还在于通过研究使教师获得一种自我反思和自我批判的可持续发展的学习能力，养成一种反思、追问与探究的生活方式。从这个意义上说，它属于继续教育的范畴。

(二)目前存在的问题

我国的高等数学教育目前遇到两个问题。

在高等数学教师人群中，除了一些老教师，大部分教师都有较高的学历，数学专业水平很高，但这其中的大部分人毕业于理工科大学或综合性大学，他们未接受过师范教育，从教师这个专业来看，他们存在着先天不足。上岗前的培训和教师资格的培训是仓促的、短暂的，是不能解决大问题的。教学的基本技能、教育理念、教育基本理论、心理学的知识不是在几天内就可以内化成教师自己的知识，并在实践中应用的，而是需要经过系统的学习、体验、反复实践才能成为一个人生命中的一部分，才能在教学实践中发挥它的作用的。现在高校普遍反映青年教师的教学能力差，与这个因素有很大的关系。

我国高校目前没有完善的教学研究管理体系和教学研究制度。教师在一起把哪些该讲、哪些不该讲的画一画，统一一下习题就完事了；观摩评课也是如此，听完了，打打分，唱唱赞歌了事。所以，高校目前的教学研究活动是只有活动而没有研究。原本教师在教学研究的过程中是可以提升自己、获得专业成长的，但这种没有研究的教研活动并没有这种效果。

(三)提高高校教师研究能力的措施

在目前这种状态下，提高教师的教学研究能力既不能靠高校的继续教育制度，也不能靠高校的教学研究制度，主要靠教师自身。教师要想得到专业发展，就要提升自身的素质，特别是青年教师，要想完成从新手到胜任，再到专家型的教师的转换，就要加强自身的学习，把提高自身的教学研究能力作为一个突破口，从起步开始，就将学生者、实践者、研究者集于一身，这样可大大缩短适应工作的时间，提前进入胜任阶段，并向专家型教师发展。在自我教研中，教师就是研究者，简单地说，就是在教学中开展自己的研究，发表自己的看法，解决自己的问题，改进自己的教学工作。为此要做到以下三点。

1. 补上先天不足的营养

这首先要求提高认识，在我们所了解到的人中，还有相当一部分人对此问题缺乏正确的认识，他们对教学法不屑一顾，更谈不上教学研究了，认为讲好数学只要懂数学就行了，只要提高数学学历即可，并认为只要教的时间长了，就会成为好教师。这显然对教师职业缺乏专业认识，同时还混淆了理论指导与教学实践经验的相互作用的关系。所以，每个高等数学教师，尤其是非师范专业毕业的青年教师都要学习教育理论知识，掌握教学基本技能，研究教学法，补上教师专业上的先天营养不足。而教学研究则是提升自身教育素质的最好途径。尤其是自我教研，它最能体现行动研究的特色，教育行动研究就是围绕教师的教育行动展开的，是基于研究问题的解决过程，它的问题都来源于教师自身教学时遇到的实际问题，在实施过程中教师兼顾研究与行动两大方面，具有研究者和行动者的双重角色。在教学研究中，也即解决问题的行动中，教师不断增长教育实践智慧，专业发展日臻成熟。

2. 主动寻求同伴互助

自我教研并非闭门造车，它应有三种基本途径：专家引领、同伴互助、自我反思。这一点与中小学的校本教研相类似。因高校无专门的教研员，所以专家引领的机会很少，高校教师本身不坐班，教师之间的接触和交流很少，要想向同事学习、与同事交流就要主动。这样，可以加强教师之间的专业切磋、协调与合作，共同分享经验，互相学习，彼此支持，共同成长。同伴互助的实质是教师之间的交往、互动与合作，它的基本形式是对话与协作。

值得一提的是，在自我探索的过程中，还要参阅大量的材料，学习国内外先进的高等数学教学经验。

3. 不能忽视综合教研

高等数学不同于其他课程，它与其他专业的联系非常紧密，它能为专业课程提供强大的服务功能，然而，现行的高等数学教材是历经几百年千锤百炼而成的经典，突出了它的基础性，因而也就忽略了专业性，我们几乎见不到专门为哪个专业而编的高等数学教材。但我们的教学对象却是具体的某个专业的学生，特别是职业技术类院校，专业繁纷复杂，层次要求各不一样，所以要想教学有针对性，从理论上讲，高等数学教研室应与各个专业的教师一起进行集体综合教研，但从实践上看，由于众多原因，很难实现。因而，这一重任还是应由高等数学授课教师本人承担。一方面，要加强学习，对所教的专业的基本知识和要点要熟知，这样，在高等数学教学中，就可以针对某一专业，选讲一些专业的背景材料，提供专业的数学模型，课堂的效果就会好一些；另一方面，教师要积极与所教专业的专业课教师联系，共同探讨教学问题，如哪些知识在本专业中用得较多，哪些数学方法对解决本专业的问题十分有效，哪些地方是学生的薄弱环节，这样的综合教研可共同制定出符合本专业特点的、切实可行的教学改进方案，在实践中定会取得令人满意的效果。我们近些年的经验也验证了这一点。

三、高等数学教师能力素质的培养与提升

高等数学是高等院校一门十分重要的基础课，高等数学教师的自身素质直接

影响高等数学的教学质量。切实加强高等数学教师能力素质的培养是充分发挥教师在教学中的主导作用和提高高等数学教学质量的基本保证。

以下仅就专业教学能力、科学研究能力、课堂教学能力以及语言表达能力的培养和提高谈点粗浅的认识。

（一）奠定专业基础，强化专业教学能力

专业教学能力是指教师准确、熟练地传授专业知识与专业技术的能力。一个合格的高等数学教师，除培养学生良好的思想品质以外，其主要任务就是按照教学大纲的要求，准确熟练地把必要的数学知识与技能传授给学生。在课堂教学中，数学学科的严密性容不得教师有丝毫的差错，教学任务的紧迫性不允许教师有半点迟疑。如果教师在数学理论的阐述中吞吞吐吐，在数学公式的推导中漏洞百出，且不要说对学生学习上有所误导，就是对教师本人来说，也是一件极为尴尬的事。所以教育家马卡连柯断言，学生可以原谅教师的严厉、刻板甚至吹毛求疵，但不能原谅他的不学无术。由此可见，良好的专业教学能力是高等数学教师最基本的能力素质。

知识是能力的基础，能力是知识的延伸。良好的专业教学能力首先来自教师精深的专业基础。全面系统地掌握数学专业的学科结构、基本理论与基本方法，并在不断的专业学习与教学实践中培养严谨绝密的逻辑思维能力、高度抽象的空间想象能力和快速准确的运算能力，是对高等数学教师专业素质的基本要求，况且，高等数学教师不像数学专业教师那样专一，教数学分析的专讲数学分析，教微分方程的专讲微分方程，甚至分工更细。而高等数学是高等院校各专业的公共基础课，按照不同专业的要求，几乎要涉及数学学科的各个不同分支。这就要求高等数学教师必须是通才、全才，即不仅能教微积分，还要能教微分方程、线性代数、数理统计等多种内容。而且哪怕是教某种内容的其中某些简单应用，也应对该部分有全面深刻的了解，决不能满足于一知半解，甚至于边教边学、现买现实。高等数学教师只有具备了这样良好的专业素质，才能在教学中驾轻就熟，收到良好的教学效果。

21世纪高新技术的飞速发展，促使知识更新的速度越来越快，高等数学的教学内容与教学手段的改革在所难免。尤其是电脑技术应用于教学，使传统的数学教学面目一新，使原来专业中无法处理的数学问题的解决成为可能，使原来专业中看似与数学无关的问题得以用数学方法进行处理。面对新科学、新技术的挑战，高等数学教师早已用得发黄的老教案不再是值得骄傲的经典之作，黑板加粉笔的传统教学模式不再是值得缅怀的传家之宝。专业上崭新的数学问题摆在了面

前，多媒体魔术式的过程演示进入了课堂，迫使数学教师必须及时吸收新知识，研究新问题，掌握新技术，探索新方法。

（二）结合教学实践，培养科学研究能力

高等数学教师的科学研究能力是指其在进行数学教学的同时，从事与数学教学相关的各类大小课题的实验、研究及发明创造的能力。这种能力具有十分积极的意义。

首先，高等数学教师积极参加科学研究，才能更好地体现教育为四个现代化服务的指导思想。当今世界各国的高等院校既是教育基地，又是科研中心。我国所有重点院校也都无一例外地承担了大量的科研任务，其科研成果直接服务于"四化"建设。

其次，教师具有科学研究能力才能提高教学水平，使教学、科研能力得到同步提高。以教学促进科研，以科研带动教学，才能使教学水平上升到一个新的水准。

再次，教师具有良好的科学研究能力，有利于培养创造性人才。美国未来学家在《大趋势》一书中称"21世纪的竞争是人才的竞争"。这种有竞争能力的创造性人才的培养只能依靠具有良好科研能力的教师加以指导和培养。事实上，具有科研能力的教师思维敏捷、动手能力强、实践经验丰富，具有开拓精神，这些是培养创造性人才不可缺少的基本素质。离开了科研能力，教师只能培养出因循守旧、毫无创造精神的庸才。高等数学教师的科学研究能力主要体现在两个方面。一是数学教学理论的研究能力。高等教育的迅猛发展为数学教师在改革传统教育思想和传统教育方法等领域提供了大量的科研课题。数学教师不再是传统的"教书匠"，而应成为新教育思想、教育理论和新教育方法的实验者和研究者。二是数学应用的研究能力，也是高等数学教师最主要的研究能力。高等数学是高等院校各专业一门十分重要的基础课，其本身就肩负着既为学生学习后续课程提供数学基础，又为学生分析和解决专业中的实际问题的重要使命。随着电脑技术的迅速发展，各门学科的数量化趋势更促进了数学与其他学科之间的紧密结合，为数学在专业上的应用研究开辟了广阔的前景。高等数学教师应该广泛涉猎各专业的主要专业课程，尤其对其中与数学密切相关的内容要有较深刻的了解。必要时，数学教师可与专业教师紧密配合，对专业上提出来的数学问题共同进行研究与探讨，通过对其中某些数量关系的分析，建立教学模式，为解决专业难题提供数学依据。这样不仅培养了高等数学教师的科学研究能力，还可用以丰富教学内容，使教学能力得到相应的提高。

（三）学习教育理论，增强课堂教学能力

在教育科学的众多分支中，教育学是教育理论的主要内容，因而也是高等数学教师的必修课。教育学研究教育现象，揭示教育规律，为数学教师探求数学教学规律、确定教学目标与教育方法等提供理论依据。通过教育学的学习，教师可以比较系统地了解教育的目的、教育的原则、教学的过程、教学的方法等一系列重要教育理论与教育实践问题，从而能够自觉地运用教育规律，根据教学内容、学生实际，选择切实而有效的教学途径和手段，以达到教学的最佳效果。

教育心理学尤其是高等教育心理学，同样是教育科学的重要组成部分，因而也是高等数学教师的必备知识。高等教育心理学主要研究大学生掌握知识和技能、发展智力和能力、形成道德品质、培养自我意识、协调人际关系的心理规律，揭示学生的学习活动和心理发展与教育条件和教育情境的依存关系，从而使数学教学建立在心理学的基础之上。事实上，高等数学教师要组织好数学课堂教学，离不开对学生心理活动的了解，懂得学生的个性差异及其特点。只有这样，才能减少教学工作中的盲目性。例如，由于大学生随着生理与心理的成熟，已基本具备从事复杂、抽象的高级思维活动的能力，对于新的数学概念的引入，教师不必从实例入手，除少数概念外，一般概念只要讲清其内涵与外延，学生大都可以接受。如果所有新概念的引入都从实例出发，势必影响教学进度，甚至引起学生的厌烦情绪，扼杀学生抽象思维的主动性与积极性。

教育理论的内容十分丰富，除教育学与教育心理学外，还有教育社会学、教育经济学、教育统计学、教育人才学、教育哲学、教师心理学、学习心理学等门类繁多的分支。广泛涉猎其中的有关知识，对高等数学教师探索教学规律，优化课堂教学能力具有十分重要的意义。此外，学习和研究名人名家有关教育思想、教育规律的精辟论述，前人积累的教学经验，还有高等教学法、数学哲学及细胞科学等都是高等数学教师掌握认识规律、提高课堂教学能力的重要措施。

（四）把握语言规律，提高语言表达能力

语言表达能力是高等数学教师重要的能力素质之一，是影响课堂教学效果的直接因素，必须引起足够的重视。数学课堂的教学语言是一门学问，研究和掌握数学课堂教学语言的内在规律，苦练语言基本功，是高等数学教师提高语言表达能力的有效途径。

数学语言的内在规律，首先在于其严谨性。高等数学本身就是一门极为严谨的学科，不可信口开河，以致产生知识性的错误。如说"函数在其连续区间上必有最大值与最小值"就忽略了必须是闭区间的重要条件。其次是逻辑性与条理性。

推理依据不足，讲述颠三倒四，都不符合严谨性的要求。最后是要注意语言的准确性与完整性。对概念、定理、法则的阐述及对数学专门用语的表述一定要准确规范，不可随意用意义含混的日常用语来代替数学语言，甚至发生语法上的错误，这样必然会引起学生思维上的混乱。

数学语言的简洁性是数学教师语言表达能力的重要标志。说话啰唆含混、板书冗长潦草是数学课堂教学语言之大忌。数学语言并不需要浮华艳丽的辞藻，更要不得漫无边际的旁征博引，它以科学、准确而简洁的特征给人以美感，以明晰的思路、铿锵的语调吸引学生。这就要求教师课前必须认真备课，钻研教材教法，区分难点、重点，理顺讲述思路。有了充分的准备，加上平时良好的语言素养，才能使课堂讲授干净利落、有条不紊。

语言也是一门艺术，而且是一门综合性的艺术。在众多的语言艺术中，数学课堂教学语言尤其具有其独特的艺术性。这种独特的艺术性，首先在于数学科学本身就是一门至善至美的科学，数学的简洁美、和谐美、奇异美给人以强烈的艺术享受。所以高等数学的课堂教学语言应该生动形象、风趣幽默，切忌平铺直叙、单调刻板。教师对概念的表达、方法的描述、公式的推导，必须注意形象性、宜观性与惊奇性，运用恰当的比喻、丰富的联想、新奇的质疑，辅以自然的表情、手势及优美的板书，便可对学生产生强烈的吸引力，收到良好的教学效果。这种语言的艺术性，来源于教师良好的专业素质及文学造诣、演讲口才乃至书法、绘画、音乐等多方面的修养。数学语言的艺术性还在于其丰富的感情色彩。一些人认为，数学语言只不过是一连串符号与公式的堆砌，单调而枯燥，其实这是一种偏见。数学的形成与发展，本身就是一部壮丽的史诗，数学的内容与人类的生产、生活实践密切相关，数学的概念和公式定理具有一种特殊的美。教师在讲述到有关内容时，情至深处，必然会激情澎湃、扣人心弦。

高等数学教师各方面的能力素质并不是孤立的，它们既互相区别又互相联系、互相促进。教师必须同时加强多方面的修养，从严治学、从严治教，苦练基本功，才能使之得到同步发展。实际上，任何一位教师在教学中都会既有成功，也有失败。只要认真分析原因，经常对自己的教学进行总结与反思，不断改进自己的教学，充分发挥教师在教学中的主导作用，就一定能使自己的能力素质得以提高。

四、通识教育背景下高等数学教师在教学中的角色转换

通识教育的目的是为了培养健全的人以及自由社会中有健全人格的公民，是

指现代大学教育中非职业性和非专业性的教育，也就是学生进行本专业学习前的"公共课程"。它具有感悟性、实践性、探讨性等特点，并且都围绕着让学生在这类"公共课程"中获得独立的学术思考能力以及对世界、人生的精神感悟等目标进行教育。数学是一种训练人思维的工具，是将自然、社会、运动现象法则化、简约化的工具，人们运用它来建立数学模型，用来解决实际问题。通过数学的学习，可以使人的思维更具有逻辑性和抽象概括性，更精练简洁，更能创造性地解决问题。

正确理解通识教育的含义与价值目标，有助于通识教育改革在科学思想的指导下顺利开展。通识教育是为更高级的专业教育服务的，通识教育不是"通才教育"，也不必然排斥专业教育，且通识教育最终必然走向专业教育。高等数学作为高校通识教育的核心课程，其目的是使学生学会数学知识并能灵活运用。教学的开放首先需要思想的开放，不同的教学思路和教学方法会产生不同的教学结果。为了更好地培养学生适应社会的能力，更有效地培养他们的创造性，我们需要更开放的数学教育。所以，高等数学教育在通识教育中绝不能开成普及性的知识讲座，而应当充分具备体验性与实践性。

高校高等数学教师参与通识教育的积极性不高，因为他们从中得到的回报和激励较少。因此，这门课程的教学很少由学校最好的教师承担。没有高素质的优秀教师，就不可能保证通识教育的质量。博耶曾强调说："最好的大学教育意味着积极主动的学习和训练有素的探究，使学生具有推理、思考能力，高质量教学是大学教育的核心，所有教师都应不断改进教学内容和教学方法，最理想的大学是一个以智慧为支撑、以传授知识为己任的机构，一个通过创造性的教学鼓励学生积极主动学习的场所。"[①]钱伟长教授在谈教育创新时提到：教师的教，关键在于"授之以渔"，应交给学生一些思考问题的方法。那么，在通识教育背景下，高等数学教师应如何更好地进行教学呢？

（一）展示良好的个人素质，注重榜样教育的力量，冲破"光说不练"的俗套

21世纪是高科技时代，科技的腾飞、社会的发展、知识的传播是离不开高素质人才的，而高校要培养高素质的人才必然要求有高素质的教师。目前，虽然在教学过程中使用了许多先进的教学手段，教学内容也更符合通识教育的要求，

① 赵本全，姚纬明. 通识教育：我国大学教育的必然趋势[J]. 湖南师范大学教育科学学报，2004（03）：51-54.

但教师在教育中的核心地位依然不可动摇。因此，高等数学教师在具备教师基本素质的前提下，应着重加强以下几方面素质的培养，以便更好地培养学生。

1. 加强师德修养，教学中及时调整心态，展示良好的心理素质

数学教师在面对不同的教学对象时要因材施教，鼓励、尊重、热爱学生，在教学中要主动与学生交流，做学生的良师益友，让学生感受到教师对他的关爱，与学生的关系要做到有张有弛，让学生对教师产生敬畏感；教师要时时做到以身作则，教书育人，要用自己的人格魅力感染学生，让学生在轻松愉快的氛围中学习到教师的严谨、缜密，在潜移默化中教会学生做人的道理。

2. 善于学习，兼收并蓄，展示教师广博的专业理论知识

教师是学生全面发展的航标灯、引路人，教师专业理论素质的高低直接决定着学生素质的高低。目前，很多学生的数学基础较差（尤其是文科、艺术、体育类专业的学生），但这并不意味着就降低了对高等数学教师学识水平的要求，相反，这对其学识水平和教学能力提出了更高的要求。他们应该具备宽厚、广博的知识，认真钻研教材，透彻理解教材，认真分析并准确把握学生的心理特征和知识水平，而且还需要采取恰当的方式、方法，正确引导学生学习，用最通俗简单的语言让学生听懂所学内容。除此之外，还必须熟悉本专业以外的知识，全面地掌握本专业以外的技能，了解相关学科（如音乐、美术等艺体学科以及文学、历史、地理等学科）的一些知识。正所谓"只有资之深，才能取之左右而逢其源"，只有这样才能真正树立起"学高为师，德高为范，敬业自强"的教师形象。

3. 善于理论联系实际，展示符合时代要求的创新教育素质

长期以来，学生习惯于教师安排好了的一切学习或科研活动，很少思考自己可以干点什么，这是我国传统数学教学的一大弱点。因此，必须创新数学教学模式，加强理论与实际的联系。如教师可以在教学过程中，结合现实中存在的数学现象，让学生在自己挑选、构建的数学环境中进行摸索、探究，以培养他们的创新意识。同时，让他们体验到从事创造性学习的快乐与艰辛，使他们认识到知行合一的治学哲理，努力实现数学学科教育的功能。新课标指出：培养学生创新精神和实践能力是全面素质教育的重点，大力实施推进创新素质教育，培养学生的创新能力，是时代赋予教师的庄严使命，也是摆在每位教师面前的严峻课题。教师是学生效仿的榜样，教师的创新教育素质和能力高低会对学生的培养产生重要的影响。

（二）加强数学文化通识教育，注重人文精神的渗透，冲出"教书匠"的藩篱

高等数学在培养大学生的人文精神，提高大学生的思维素质、学习能力和应用能力等方面，都有着十分重要的、不可替代的作用。在强调素质教育的今天，教师应该把数学教学从单纯的计算技能训练中解放出来，更多地阐释数学的文化内涵，推行"数学文化"的教学。这不但能促使学生更好地学习数学，而且有利于拓宽学生的知识面，强化数学的综合教育功能。

高等数学不仅是传播传统数学知识、培养学生严密的逻辑思维能力和丰富的空间想象能力的基础课程，也是加强通识观念、传播数学文化和民族文化的素质教育平台。目前，通识教育课程的内容基本上来源于其他自然科学乃至人文科学的科普知识。另外，由于当前我国社会的经济主导型意识，我国很多高校的高等数学教学已经呈现出某种技术化和工具化的不良倾向，狭隘的实用主义、形式主义、工具主义已成为提高高等数学教学效用与通识教育质量的严重障碍，诸如文科高等数学、财经类高等数学基础、高等数学等教材孕育而生。这种实用的、工具性的功利化教育倾向，偏执地强调某一特定学科对高等数学知识的片面要求，根本没有意识到高等数学与其他各种文化结构的相互关系，当然也就完全忽视了高等数学作为高校的公共基础课程，其教学目的是为了培养学生对数学知识的综合应用能力和进行文化渗透传播。

在通识教育背景下，教师在传授传统数学知识的同时，必须重视数学文化的传播，有意识地培养学生的人文精神。数学文化是指在数学的起源、发展和应用过程中体现出来的对于人类社会具有重大影响的方面。它既包括数学的思想、精神、思维方式、方法、语言，也包括数学史、数学与各种文化的关系，以及人类认识和发展数学的过程中体现出来的探索精神、进取精神和创新精神等。数学文化必须要在数学课堂教学中得到体现，不断传递数学文化的思想、观念，使学生在学习数学过程中受到文化熏陶，并产生文化共鸣，体会数学的文化品位，进而体察社会文化与数学文化间的不同。

（三）强化培养目标研究，注重研讨性课程建设，倡导研究性学习，远离"教死书"的桎梏

青年学生是社会的希望、祖国的未来，他们的健康成长直接关系着社会的发展。美国早在 1991 年颁布的《国家教育目标报告》就明确要求各级各类学校"应培养大量的具有较高批判性思维能力，能有效交流，会解决问题的学生"，并将培养青年学生对现实社会生活和学术研究领域的批判性思考能力作为教育改革的主

要导向。这种创新性的现代教育理念已经在西方各国的教育改革中大量运用，然而，这种创新型的教育理念在我国数学教育界却一直没有受到足够的重视，在我国高校的高等数学教学中，"本本主义""人云亦云"的现象无处不在。

当前，国内外很多高校都在提倡由"教师中心"向"学生中心"转变的研究性学习，即在教学过程中，以学生为中心，以能力培养为本位，以培养学生的自主学习精神为导向。这种学习也是在课程教学过程中，由教师创设一种类似科学研究的情境和途径，教师指导学生通过类似科学研究的方式主动获取知识、应用知识并解决问题，从而完成相关的课程学习。在提倡通识教育的今天，在高等数学教学中，如果教师依然采用传统意义上的"接受式教学"，显然已经不能适应当前社会的发展，这些教学方式也在逐渐被淘汰。因此，高等数学的教学必须创新教学方式，倡导研究性学习。研究性学习不是强迫性学习，它自始至终离不开学生的自我建构。研究性学习的运行与它对学生的影响是一个渐进的过程。这就要求我们高等数学教师必须以培养学生的研究性学习能力为主旨。首先既要面向全体学生，又要关注个体差异；其次，要强调学生之间的合作关系，不但要培养学生独立研究的素养，而且还要培养学生合作、交流的能力，以激发学生的学习兴趣、促进思维发展、拓展知识面为教学目的，以启发、阅读与交流为主要教学方式。在此过程中，把学习的主动权交给学生，让学生自主学习，主动、积极地获取知识，使他们在轻松、愉快的环境中有所收获、有所成就，得到全面、和谐的发展。在高等数学教学中，教师要积极鼓励学生学会用数学进行交流，大力倡导合作、交流的课堂气氛，帮助学生认识数学中蕴藏的思想，领会数学思考的理性精神，学会数学的逻辑推理，提高解决数学问题的能力。利用创新学习，激发学生的学习潜能，大胆鼓励学生创新与实践，积极开发、利用各种教学资源，为学生提供丰富多彩的学习素材。同时，还要强调学习的过程。我们应该把学习作为一种研讨、探究的活动，而不是为了得出某种预先设计好的标准答案，在高等数学教学中，鼓励学生一题多解，即用不同的思路、不同的处理方法解决问题，就是培养学生创新能力的具体体现。

要提高教学质量，把千差万别的学生培养成国家需要的各种人才，需要教师有较强的创新能力。要想提高学生综合素质中必不可少的数学素养，高等数学的教师必须要有创新能力。如果没有包括高等数学教师在内的高校教师队伍整体素质的提高做保障，富民强国的愿望将成为无源之水、无本之木。

在科学技术飞速发展的 21 世纪，社会的发展归根结底是人的总体发展。在通识教育大背景下，在高等数学的教学中，教师应该注重培养学生的科学素养与人文精神，充分发挥学生在教学中的主体意识和教师的主导作用，为培养更多的、适应社会经济发展要求的各级各类人才做出应有的贡献。

第二节　高等数学教学的主体——学生

一、高等数学教学如何发挥学生的主体性

（一）注重学生的主体地位，激发学生的学习兴趣

从以往的教学经验来看，在高等数学的教学过程中，很多学生对高等数学学习缺乏浓厚的兴趣。通过找学生沟通了解，大多数学生认为自己已经具备了一定的数学基础，但由于受高考应试教育等客观或主观因素的影响，学生自我学习的能力不够强，没有树立自我主动学习的良好观念和意识，所以在进入大学后对数学学习缺乏明确的目标，往往导致学习兴趣与学习热情也相对较低。如何提高学生对数学学习的兴趣呢？这也就要求我们的数学教师要做好数学教学课堂上的引导、规划，以及课前的准备、设计工作。结合情境化、生活化的教学，有助于学生更好地理解知识点和学习素材，也有助于培养学生在高等数学学习上的兴趣和精神。例如，在高等数学关于"曲面的面积"的教学环节中，生活中的曲面可以说是非常之多，所以数学教师可以打破教材的限制，将知识点和生活情境相结合，多选择一些趣味化的生活教学情境，让学生针对生活中具体情况与"曲面面积"相关的数学问题进行共同的讨论和计算，这样就能够拉近学生与数学知识之间的心理距离，在激发学生学习兴趣的同时，开拓学生的数学学习视野，让学生更加直观地体验数学学习的价值和乐趣，这对学生数学学习兴趣和探究精神的培养大有裨益。

（二）注重学生的思维培养、优化组合教学

数学是一门具有高度概括性、抽象性和严密的逻辑性的学科。所以数学教师必须采用"授之以渔，非授之以鱼"的教学方法，让学生掌握数学解题、思考的方法。只有掌握了数学的思维方法才能对症下药。只有更好地掌握思维方法才可以提升自己的解题能力和思维推理能力，增加对数学学习的兴趣和信心。

（三）优化教学方法，注重学生的主体参与

在提高教学效率的同时，我们要注重发挥学生的主观能动性，受到学生喜欢的教学方法一定是好方法，单一的教学方法是枯燥的、乏味的，很难提高学生学习高数的兴趣，现在的高数往往是在大一开设，而大一时学生对教师的依赖程度

相对较高。为了摆脱这种困境，教师可以采取以下方法。

1. 讲授法和启示法、讨论法相结合

这三种方法的结合主要是提高学生的课堂参与度，发挥学生的主体作用，为学生的积极参与提供条件和平台，设立情境教学的模式，鼓励学生去思考、去探索、去发现、去解决问题。也是营造活泼的课堂气氛的一种需要。

2. 采用多媒体教学

多媒体课件可以用于画图、演示几何图形的构成，使教学课题更加生动、直观，从而加深学生的理解，便于知识的掌握和运用。但是不可过分依赖多媒体课件教学，这样容易引起视觉疲劳，不利于教师和学生、学生和学生之间的互动。

3. 尊重学生的差异，做到因材施教

在大学教学的环境中，我们的学生来自五湖四海，学生的数学基础千差万别，所以要求我们的教师在教学的过程中注意要有针对性，做到因材施教，提高学生整体的高数水平。在高校数学课堂教学中，数学教师要充分顾及学生在数学学习中的差异，要立足于学生的数学基础和学习能力，充分满足不同学生的学习需求，让每个学生在数学课堂上都能够学有所获。

总而言之，应提升学生在高数课堂中的主体地位，让学生对高数学习有兴趣，提升他们的信心。

二、高等数学教学中怎样培养学生的学习兴趣

(一)结合教学实践培养学生高等数学学习兴趣

学生在高等数学教学参与中的表现是多种多样的，聊天、玩游戏、看小说等等，可以说很多学生在高数课堂上都是"度时如年"。在教学中与其约束学生不如想办法提高他们的学习兴趣，使其主动地投入到学习当中。例如，利用丰富有趣的导入提高学生的学习兴趣，如"全微分"学习中，对于全微分的认识，初学者的理解是五花八门的，可以在全微分概念的学习中，通过一些不太准确的认知进行教学导入，让学生发现破绽、解决问题，然后用数学的语言组织自己对全微分的认识，从而得出全微分的概念。这样的学习过程有趣、深刻，能够激发学生的学习兴趣，提高学生的学习效果。又如，通过数学家的故事激励学生探索数学的奥秘，引导其对高等数学知识产生兴趣。例如，高斯是个数学天才，他的故事很多，结合教学内容引入高斯的故事，以榜样的力量引导学生自觉地学习数学。再如，由简单问题入手，让学生先克服对高等数学学习的恐惧，从而对新知识产生兴趣。例如，"空间直线及其方程"教学中，先利用在一个平面中方程的书写引出

线与面的夹角，让学生思考直线与面的夹角问题，进而引申知识，让学生对空间直线有新的认识，能够不断地拓展思维，形成空间的数形结合意识，提高学生的学习效率。

(二)科学应用多媒体培养学生高等数学学习兴趣

多媒体的应用在高校教学中非常普遍，高等数学教学中科学应用多媒体是指要正确地认识多媒体在教学中的"工具地位"，不过分依赖，也不能盲目排斥，应用多媒体做好课堂内外的教学工作，同时应用多媒体搭建师生交流的平台，通过信息互动提高学生对数学学习的兴趣。例如，"多元函数的微分学"教学中，应用多媒体制作教学课件，通过网络发送到学生的邮箱或其他师生交流平台，学生在课堂教学前对于要预习的知识、要整理的资料等有清晰的、明确的认知，这样学生就会主动地去完成一些教学任务，学生在课堂上的表现才能更出色。又如，"空间直线及其方程"的教学中，利用多媒体展示直线在空间的存在，这样更直观，学生通过直观的三维显示能够迅速地构建意识中的线与面的立体形像，从而更容易接受和理解知识。再如，课后利用多媒体进行讨论，学生可在交流平台上发表自己对这节课的感想，也可提意见或将自己不太明白的地方与其他的学生教师分享，这样教师能够更全面地掌握学生的学习状态，及时为学生答疑解惑，使学生对于数学的学习突破了时间、空间的约束，学生的数学学习兴趣更容易产生和积累。可见，多媒体在培养学生数学学习兴趣方面确实有着重要的地位，高等数学教学中应充分地认识多媒体教学的优势，有效地利用多媒体这一新兴的教学工具激发学生学习兴趣。

(三)活跃课堂气氛，激发学生高等数学学习兴趣

数学教学向来严谨、中规中矩，因此，大多数时候数学课堂都是死气沉沉的。特别是一些刚加入数学教师队伍的教师，他们习惯了数学知识的钻研和学习，因此，在教学中，也将自己的那一种钻研学习的精神带到了课堂上，在课堂上自我沉醉于知识的海洋，然而学生却听不懂。例如，"多元函数的微分学"教学中，一些教师拓展教学内容，甚至讲到了微分几何等内容，教师越讲兴致越高，学生越听越不明白。因此，在课堂上要时刻观察学生的接受情况，让学生做教学的"主角"，让他们体会到数学学习的乐趣才是关键。在这章节的教学中，教师可以改变教学方法，通过分组讨论，针对"高等数学的微分学"的教学重点设置几个小标题，每一组围绕自己小组的标题进行讨论，然后小组评讲，再将这些知识联系起来，融会贯通，这样知识才能完全地被学生吸收，转变成为学生自己的知识。而且这种教学方法能够活跃课堂气氛，激发学生探索、求知的欲望，学生能

更好地参与教学，而不是跟着教师的思路"乱跑"，学到最后一塌糊涂。通过数学学习小组的一些活动活跃课堂气氛，激发学生数学学习的欲望和能力，使其对高等数学学习有更浓厚的兴趣。

高等数学学习兴趣的培养不是一朝一夕的，而是一个长期激发、积累的过程，在任何时候，教师要对学生有信心，要不断地引导、鼓励学生学习数学，通过自信心、学习能力等方面的培养，使学生对高等数学产生兴趣，同时通过先进的教学手段、多元化的教学方法、丰富的教学形式、活跃的课堂气氛等，使学生的学习兴趣更浓厚，这样才能为学生的自主学习打好基础，高等数学教学才能在轻松愉悦的教学活动中获得更大的成绩。

三、高等数学教学中学生资源的开发和利用

(一)在开拓教学设计的各个环节中充分利用学生既有的经验和知识

在课堂教学过程中，学生多方面的知识和能力处于潜藏或休眠状态，恰当的课堂导入会激活这些资源宝藏，出现意想不到的课堂氛围和教学契机。这就是"创设情景激活学生资源"，即教师可以通过在课堂中设计某种情境，促进学生积极参与。学生潜在的知识和能力得到教师机智的反馈，师生间其乐融融。教师可在课前设计一些已学过的知识点问题，为新知识的呈现做铺垫，然后循序渐进地导入新知识。

(二)充分利用学生智能，注意观察发现学生资源

1. 充分利用学生智能

多元智能理论让我们认识到学生的智力结构存在着个体差异，但并非智力高低不同。它提醒教师要在课堂教学过程中，尽力发掘学生个体的不同智能资源，并创造机会使其得到彰显。激励学生参与到课堂中，让学生主宰课堂，形成良好的学习气氛。

2. 重点观察发现学生资源

教学过程中，教师可以走下讲台，加入学生中间，较易发现大学生的学习情绪或问题类资源及某些学生不显著的错误学习资源。当学生进行即时练习时，教师作为"观察者"，走下讲台了解学生的学习情况。当遇到某一数学问题频繁出现，则反映这一资源的典型性。应根据实际情况确定是由教师解决、学生互帮互助或分组讨论解决，还是下节课解决。当发现精神倦怠的学生时，轻敲其桌面或轻碰其胳膊，让他重新投入学习中。这些"情绪性资源"是将教学过程引向深入的触发点。若发现遇到难题的学生，在其身旁作适当点拨，或在问题关键处指点一

下。在观察的过程中应重点发现学生频繁出现的错误和问题，然后分析确定此类资源的利用时间、方法和价值等。

3. 关注学生生命发展，构建和谐师生关系，发掘学生的情感资源

充分发挥学生情感资源作用的前提是要构建师生之间和谐的关系。教师应将生命教育的理念与数学教学知识有机地结合起来。生命教育理念是以充分尊重学生作为一个生命体的存在为基础的。虽然不同学生的知识水平和能力有差异，他们来自不同的家庭，但他们应得到老师和其他人同等的尊重和信任。在大学这一阶段，教师必须借助理性认识揭示事物的本质，增强知识的逻辑性、说服力，由此使学生产生并发展情感。这对于丰富情感、升华情感尤为重要。因此，对大学阶段学生情感资源的开发，应该侧重于与之共享的智慧和思考的成果。

4. 搭建生生交流的多层平台，促进学生间资源交流和共事

学生之间知识和能力的交流是有形的。但学生间无形的资源交流更需要教师拥有一颗爱心去发现并加以利用。教师可以抓住许多契机，促进学生之间的积极认同，提高学生间交流的效果，提升合作精神。学生学习策略的形成，其实很大程度上正是学生间进行资源共享的结果。教师应开通多种交流渠道，搭建学生间相互交流和借鉴的桥梁。教师可以在学生中间进行数学学习策略及方法的调查，并进行交流。请毕业的校友交流是一种方法，请学习得法的同学介绍学习方法能鼓励学生共同进步。同时，可以将每个班级的学生分成若干个数学学习小组，每周安排一次课外活动课。通过适当地组织学生开展数学交流活动来营造良好的学习氛围和开发他们的资源。

目前，高等数学教学应着重开发利用学生资源与整个高等数学教学有机地结合起来。要想充分地挖掘学生资源，教师须在全面了解学生的基础上，如知识基础、个性特征、技能特长等，与实际课堂教学设计相结合，领会教材的教育意义，即教材中所教授的内容对数学学科及大学生学习发展的促进作用。此外，教师还应做到心中有学生、眼中有资源，有足够的知识储备，这样才能在课堂上运用自如，对学生的各类资源游刃有余地加以开发利用。在我们现行的数学教材当中，教材的知识体系已经相当的成熟，甚至趋于"完美"。但是这类教材过于注重对数学结论的表达，却忽视了数学思维的培养。在实际的教学中，课程的主体内容往往没有进行完善的引导、分析，就将结论直接抛出。对于和生活比较接近的知识，学生比较容易理解并进行相关的应用，而对于那些十分抽象的数学分析和数学结论，没有进行引导就直接给出结论，学生就会变得困惑。同时，学生在此教学模式的影响下总是不求甚解，丧失掉了数学研究的乐趣，甚至放弃数学学

习。针对以上的问题，在实际的教学环节设计当中，应该积极地引导学生对问题进行探究，让大家明白数学知识的形成过程。对于大家都有困惑的问题，教师可以着重进行仔细讲解，让大家在引导下发现解决问题的思路，而不是引用现成的数学原理。只有这样才可以激发大家对数学学习的热爱，为数学素质的培养奠定坚实的兴趣基础。简单说，在讲授导数这一课时，我们就可以从物理的速度、加速度引入导数在实际问题中的具体应用，从而使抽象的函数定义变得简单明了，让大家知其然，知其所以然。而不是简简单单地告诉学生怎样求导，直接忽视掉了数学思维的培养。通过这样的课程设计改革会使学生的数学素养得以提高，为学生今后的发展奠基。

第三节　教师主导和学生主体作用的发挥

教学过程中教师和学生这两个主体之间的关系是各种关系中最基本的一种关系。教师的教是为了学生的学，学生的学又影响教师的教，两者相互依存，缺一不可，他们之间既相互矛盾又相互统一，任何一方的活动都以对方为条件。在活动中教师是教育的主体，只有通过教师的组织、调节和指导，学生才能迅速地把知识学到手，并使自身获得发展。学生则是学习的主体。教师对学生的指导和调节只有当学生本身积极参与学习活动时，才能起到应有的作用。教学过程中，教师对整个教学活动的领导和组织作用，称为教师的主导作用。高等数学对于大学生来说是一门基础课程，同时由于教学任务重和教学时间相对较紧等问题，使得高等数学成为学生学习中较困难的一门课程。在高等数学的教学过程中，教师多使用讲授法，学生的积极性和主动性没有得到充分的发挥，即是没有处理好教师的主导作用与学生的主动性之间的关系，使得教学效果和学生的学习效果不是很明显。在高等数学的教学过程中，只有处理好二者之间的关系，才能达到好的教学效果和学习效果。

高等数学的教学过程中一定要坚持教师的主导作用。首先，高等数学教学过程中，教师要根据教学计划和教学大纲，有目的、有计划地向学生传授基础知识。教学任务的确定、教学内容的安排、教学方法和教学组织形式的选择以及学生学习主体作用发挥的程度都要由教师来决定。在教学过程中师生双方虽都必须发挥主观能动性，但两者所处的地位是不同的。因此决定了教师在教学中必须起主导作用。其次，教师课前准备充分，讲课重点突出，深入浅出，方法多样，语言形象，学生就易于学习，能够不断增长知识；教师注意启发和诱导，灵活运用教学方法，学生的智能就易于发展；教师严格要求自己，重视教书育人，学生的思想感情就会受到陶冶和感染，学生的意志与性格就会得到有效的锻炼。因此，教师在教学中起主导作用是由学生的学习质量决定的。

教师助教是为了学生的学，在教学过程中，必须充分调动学生的学习主动性、积极性。学生是有能动性的人，他们不只是教学的对象，而且是教学的主体。一般来说，学生的学习主动性、积极性越大，求知欲、自信心、刻苦性、探索性和创造性越大，学习效果越好。学生的学习主动性发挥得怎么样，直接影响并最终决定着他个人的学习效果。调动学生的学习主动性是教师有效地进行教学的一个主要因素。所以，学生的学习主动性也是教学中不可忽视的重要方面。

科学处理教与学的互动作用

（一）良好开端，教师精于准备

作为高等数学教师，上好一堂课需要良好的课堂驾驭能力。因为教师要把教材内容吃透吸收、合理调整，转化为自己的东西，对于各知识点的易错点和解题技巧有全面了解。例如，在讲解等价无穷小求极限时，对常用的等价无穷小进行归纳和总结，便于学生理解和记忆；在讲解中值定理时着重介绍辅助函数的构造，使学生学会构造的方法和技巧；在讲解洛必达法则时，着重介绍学生常见的错误，以引起学生的注意，在应用时避免出现同样的错误。

（二）精讲多练，讲练结合

高等数学是动手性极强的学科，教师必须采用讲练结合、精讲多练的方法。"精讲"即教师要在熟悉教材的基础上，抓住教材重点，由浅入深、由表及里地在有限时间内把课程内容讲清楚。在讲课过程中，对于每个新的知识点只用7到8分钟的时间进行讲解，然后用20分钟左右的时间对学生进行训练，通过要求学生到黑板演示、学生做题时进行巡视，发现和指出学生发生错误的地方，加以纠正，加深学生对该知识点的理解，使学生能够真正掌握该知识点，在函数求极限、导数和不定积分的教学中，采取这种教学方式时，学生的学习效果是非常明显的。

（三）培养学生学习兴趣，激发学生的动力

兴趣是学习的源泉和原动力，学生一旦对某一学科产生兴趣，就会对这门学科的学习产生巨大的热情。高等数学作为学生的基础课是学生一入大学就要学习的，而对于打算取得更高学历的大学生来说，高等数学是许多研究生入学必考的一门课程，所以作为数学教师应该抓住学生的这种心理，在讲课过程中穿插一些

历年的考研真题，激励学生的兴趣，发挥学生的主体作用。在每次课结束前，给学生抄一些与本次课相关的考研真题，布置给学生，让学生自己去独立思考，单独完成。在下次课开始的时候，由学生自己对这些题进行讲解或介绍该题的解题思路，然后由教师进行归纳和总结，正确的地方加以肯定，同时指出不足之处，使学生真正感觉到学有所得。

（四）使学生归纳总结，学有所得

在每节课即将结束的时候，启发学生讲出本节课应该学会什么知识点，使学生积极参与到教学活动中，体会到自己的主体地位。但这并不是说可以忽视教师的主导作用，学生漏讲或讲得不清楚的知识点，老师要进行补充，重点知识还要精讲，最后进行归纳总结，让教师充分承担着"传道、授业、解惑"的重任，在教的过程中发挥主导作用，进而激发学生在学的过程中的主体作用。在讲解求函数不定积分的分部积分法时，最后引导学生总结出"反对幂指三"的规则，能够加深学生的印象，使学生学有所得，学有所获。

总之，要搞好高等数学的教学，既要发挥教师的主导作用，这是学生简洁掌握知识的必要条件，也要发挥学生学习的主动性，使学生掌握知识主要靠其个人的主动性和积极性。教师要以课堂教学为主渠道，以课外作为有利补充手段，同时运用科学方法，讲练结合，灵活多样地传授知识和技能，将知识内化到学生的心理结构中去，转化为学生个体的精神财富，真正做到重能力培养，使学生早日成为建设祖国的栋梁之材。

第四章　高等数学教学目标研究

第一节　传授数学知识

一、高等数学教学的实践与认识

数学是一门历史悠久、理性而又成熟的学科。20世纪以来，由于科学技术的飞速发展，数学科学在与其他科学的相互渗透和相互影响中日益壮大。现代数学无论是在观点、思想上还是在内容、方法上都具有更高的抽象性和概括性，它深刻地揭示了数学科学的内在规律和联系，以及数学科学与客观世界的形式与变化规律之间的联系，因此它越来越多地渗透到科学与工程技术的各个领域，成为至关重要的组成部分。尤其是计算机科学和现代数学的相互影响和促进，大大地扩展了数学科学的应用范围。总之，现代数学已经成为自然科学、工程技术、社会科学等所不可缺少的基础和工具，显示出强大的生命力。

（一）书籍要体现科学系统的构架理论，才能提高学生的学习应用能力

书籍是教学的依据，一本好的书籍，有利于培养学生反复钻研、认真推敲的读书习惯，有利于培养学生循序渐进、深入浅出的思维方法。而且阅读是一个复杂的心理过程，需要理解文字符号的表层结构、内容的深层结构，并对书籍所传递的信息进行加工分析。因此没有好的书籍是不行的。但有些书籍特别是关于专科生的书籍对培养学生的能力重视不够，分析解决实际问题的例子太少，且有些内容只注重理论的严密性，缺乏启发性和趣味性，以致部分学生学习这门课程感到有困难，积极性不高，并感到学了无用，不愿钻研。也就是说，如何不仅让成绩优异的学生学好数学，也让成绩一般的学生学好数学；不仅让刻苦学习的学生学好数学，也让学生尽可能带着兴趣自觉地学好数学，书籍和教学质量的提高在这个过程中起着很重要的作用。

（二）讲好绪论，激发兴趣，从理解极限开始；抓住线索，带动全书，以增强能力为目的

兴趣是个体对特定的事物、活动及人为对象所产生的积极的和带有倾向性、选择性的态度和情绪，那么如何激发学生学习高等数学的兴趣呢？可以这样讲述绪论课：学校风景优美，绿树成荫，碧波荡漾，每当从池塘边经过，你们是否想过，池塘的面积有多大呢？如果不能得到一个精确数值，那么是否可以近似计算呢？例如，把池塘看成一个曲边梯形，并对这个曲边梯形不停地进行分割，于是分割得越细，与精确值就越接近，那么无限分呢？这样就引进了常量与变量，并讲述研究变量的高等数学与研究常量的初等数学的区别与联系、高等数学的基本内容和思想方法、它被人们发现的重大意义和学习这门课程的重要性，以及学习的基本方法和注意事项等。这样就使学生在脑子里对这门课程有了一个大致的轮廓，并做好一些必要的思想准备，从而激发他们的兴趣，使他们主动积极地钻研书籍，创造性地思考问题。高等数学是用极限方法研究函数形态的一门课程。这门课程的基本概念是收敛，基本方法是极限方法，基本工具是极限理论，基本思想是运动辩证的逼近思想。从极限开始就进入了变量数学学习阶段，数列（函数）极限的定义是极限这一章乃至整个高等数学的难点和重点内容之一，而且这也是学习导数与微分等后续内容的基础。随着学习的深入，学生掌握的概念、定理越来越多，如果抓不住关键，找不到主线，这些东西在学生的头脑中就是零乱而无头绪的，久而久之，学生在头脑中形成了"死结"，渐渐会对数学学习失去兴趣。整个高等数学分为极限、微分学、积分学、级数、常微分方程这几部分内容，其中的关键是一元函数的极限、微分学、积分学、正项级数。高等数学具有很强的逻辑性、连贯性，在教学中必须得到切实的重视，否则，学生只是盲目地接受概念、定理。高等数学中很多概念、定理都有明确的几何解释，只是在这些内容最终形成以后，才显得如此抽象而难以接近，而教师的责任就在于"复原"它们，使学生感到这些内容就来源于现实，才能使学生感到亲近、自然、和谐，并能更好地理解其含义，正确运用它们去解决实际问题，进一步使学生领略数学家们创造、发明的思维过程，启迪思维，让学生体验到数学家们的辛勤与坚毅，进而激励学生学会学习、学会思考，从而培养学生的抽象思维能力。

（三）高等数学中数学思想方法的贯彻

数学教育的目的不仅要使学生掌握数学知识与技能，更要发展学生的能力，培养他们良好的个性品质与学习习惯，全面提高学生的综合素质。教师在高等数学教学中，要挖掘并渗透数学思想方法，将数学知识的教学作为载体，把数学思

想方法的教学渗透到数学知识的教学中，把数学思想方法纳入基础知识的范畴传授给学生，从而强化数学思维和思想方法的培养，提高学生的创造性，以及应用数学知识去解决问题的能力。然而，数学思想的传播、数学方法的运用是一个潜移默化的过程，蕴含在整个教学过程中，概念的形成过程，定理、推论、习题的推导过程，规律的揭示过程等都是体现数学思想方法的机会。尝试在教学过程中适时地渗透数学思想方法；通过课程内容小结、课前复习和课后总结提炼概括数学思想；开设专题讲座，升华数学思想方法，并使数学思想方法的教学紧密结合书籍，重在教师有意识地点拨与渗透。知识的记忆是暂时的，方法和思想的掌握是长远的；知识使学生只受益于一时，方法和思想将使学生受益终身。要使学生逐步理解收敛概念，掌握以"静"描"动"、以"直"代"曲"、以"近似"逼近"精确"的思想和方法，就必须形成辩证的思维方法。在授课中，教师要尽量结合微积分的发展史，讲一些既有趣又富有道理的故事，这样既能满足学生的求知欲，又可拓宽他们的思维空间，提高他们解决科学问题的能力。

二、提高理工类高等数学课堂教学效果的对策

高等数学作为工科类专业的一门基础课程，其教学质量的好坏将直接影响学生对后继课程学习的兴趣和专业成绩。如何提高高等数学的教学质量和教学效果，是各大高校近年来一直积极探索的重要课题，也是数学教师努力追求的目标。笔者根据多年从事高等数学教学工作的实际经验，对高等数学的教学现状进行了分析，谈几点能够提高高等数学教学质量的体会。

（一）存在的问题

（1）学生的学习态度不够端正，普遍对高等数学的学习抱有恐惧心理。尤其是理工类专科生，他们高中数学的基础本来就比较薄弱，因此对高等数学的学习失去信心，很多学生都有"及格万岁"的思想。

（2）学生学习的主动性不强，缺乏专研精神，遇到没听懂或不太理解的知识点不会在课后请教老师或同学，以至于不懂的知识点越积越多，作业抄袭现象比较严重。还有些高中基础较好、上课较认真的学生，课堂上虽然听懂了，但没做课后作业，以至于知识点没有完全理解透彻，囫囵吞枣，学到后面较难的知识点时也就疲于应付了。

（3）教师的教学方法单一，缺乏多样性，上课仍旧采用传统的"黑板＋粉笔"的方式。由于高等数学总课时不断减少，部分数学教师采用"满堂灌"的教学方式，即课堂上一直在讲授新的知识点而不考虑学生的接受程度，学生在课堂上难

以完成必要的思维、运算技能的锻炼，课堂上缺乏互动，学生的主体作用没有发挥出来，教学效果不甚理想。

（二）提高课堂教学效果的几点措施

1. 引入多媒体辅助教学，提高课堂教学质量

对于高等数学课程，适当地引入多媒体教学，可以改善教学方式，提高教学效率，从而提高学生的学习兴趣。应用多媒体技术可以增大教学信息量，节省板书时间；可以加强直观教学，有助于学生对抽象概念和理论的理解。比如，在讲授"不定积分的几何意义""定积分的概念和性质""定积分的几何应用""空间解析几何"等知识点时，引入多媒体教学比普通的板书效果要好得多。

然而，多媒体教学也有其自身不足之处，比如，若播放太快，学生跟不上节奏；容易分散学生的注意力；课堂交流、互动机会减少等。因此，采用多媒体教学和传统的黑板加粉笔相结合的方式，发挥各自优势，会达到最好的教学效果。

2. 师生互动，活跃课堂气氛

好的数学课要让学生全身心地投入到学习活动中，让其感受到自己是学习活动中有价值的一员。教师在教学中通过讲授、设问及启发等方式，积极鼓励学生思考、讨论、质疑等，充分调动学生参与教学活动的积极性，让他们亲身体验知识的产生过程，更能让他们对数学产生亲切感，从而消除他们对数学的恐惧感。此时，教师不再是权威，更像是一位知识启蒙的引路人。

另外，教师要提供机会让学生走上讲台，一般在讲解习题时，挑出部分题目让学生上台演示，每次 4 或 5 名学生上台，既能考查学生对知识的掌握程度，做到讲解时突出重点，又能了解学生答题时的书写规范程度，对一些书写不规范的方式能够及时更正。通过以上的互动方式，既可提高数学课的趣味性，又能使学生保持对数学学习的兴趣，提高语言的表达能力。

3. 讲述史料，充实教学内容，鼓励学生积极向上

教师在教学过程中，适当地讲解一些数学史的内容，介绍部分数学家的生平事迹，介绍一些数学知识的产生与发展过程，既可以增添数学的趣味性，发现数学美，更重要的是可以潜移默化地给学生以思想教育，激起学生的学习兴趣，也可以拓宽学生的视野，增大他们的知识面。

如讲解"极限"时，教师可介绍数学史上的第二次数学危机，由此诞生了极限理论和实数理论；引入导数时，可以介绍牛顿和莱布尼茨的导数发明之争。高数教学内容适当地插入数学家的故事，如自学成才的华罗庚，哥德巴赫猜想第一人陈景润，博学多才的数学符号大师莱布尼茨和著名的物理学家、数学家及天文学

家牛顿，通过这些故事坚定学生学习数学的信心，也让学生对科学研究产生浓厚的兴趣。

4. 联系实际，将数学建模思想融入其中

高等数学中许多概念的引入都是从实际问题中抽象出来的，如莱布尼茨的切线斜率体现了导数的思想等等。在具体的教学过程中，教师要注意渗透数学建模的基本思想和方法，因为高等数学实际问题的解决过程就是一个建模过程。在例题和习题的选择方面，教师要适当加大应用题的比例，再结合学生几何学、物理学及高等数学的基础，培养学生数学建模的初步能力。另外，在高等数学教学中增加数学模型和数学实验的教学，能够进一步提高学生分析问题、解决实际问题的能力。

5. 回顾总结，融会贯通

在每小节内容讲完后对该小节的知识点做一个归纳总结，在回顾知识点和总结方法时，突出重点、难点。同时，由于高等数学是一门逻辑性非常强的课程，前后各章内容关联性很强，在教学过程中，需对各章的知识点加以分析、类比、归纳和总结，使所有知识点相互关联，从而使高等数学的所有知识点形成一个完整的系统。

比如，学完了一元函数微分学，教师可引导学生把可导、连续和极限存在三者之间做个总结，得出可导必连续，连续必极限存在，反之不成立；多元函数偏导数实质上仍是一元函数求导的问题，对某个变量求偏导时把另一个变量看成常数等。

6. 精挑习题，布置课后作业

教师在每堂课结束后都精心挑选、布置有代表性的课后作业，依据优化题量、优化题型的原则，认真挑选使学生容易形成技巧的重点题型，达到做少量习题，掌握全部知识点、较多解题方法的效果，课后习题一般从课后或课外升学资料中挑选。

随着我国素质教育的不断深入，大学对于高等数学的要求也在不断提高，高等数学的作用也将得到更大发挥。这要求高等数学的教育工作者根据教学对象及教学要求的提高不断改进教学方法，完善教学模式并提高教学质量。

三、高等数学知识与中学数学知识的有效衔接

近年来，随着中学课程改革的不断加深，中学数学教材的内容不断调整，把有些原来在大学讲授的高等数学内容放到中学讲授，使得中学数学教材内容增

加，而对某些学习高等数学所必需的基础知识点做了删减与调节，或者由于高考考纲不做要求而没有实际讲解。同时，由于高考的改革，各省的考试大纲不统一，以及文理科的区别，造成大学新生入学时数学基础知识和能力水平不统一。而另外一方面，现在使用的高等数学教材虽然也在不停地改版，但都是在 20 世纪 90 年代初的教材基础上进行修改的，他们都比较注重对某些重点、难点知识点及其应用的补充和调节，而普遍没有重视对一些重点、难点基础知识的补充。这两个方面造成了中学、大学教材改革"各自为政"的局面，致使高等数学中有些知识前后断层，而有些教学内容又重复较多，这些给来自不同地域的大学新生学习高等数学带来了不同程度的困难和不便，也让很多高等数学教师无所适从，阻碍了高等学校学科的发展。更有甚者，由于现阶段众多高校都在考虑转型发展，这就越发需要各高校重视理工科专业的发展，而高等数学是众多理工科专业的必修课程，高等数学学习的好坏，将直接影响理工科学生的后续学业和理工类专业的长远发展。

关于高等数学与中学数学知识断层、重叠的问题，已有一些文献做了部分调查研究，在这些文献中，一些研究者从中学数学高考大纲、高等数学教法、高等数学教师自我发展、高等数学教材编写、高校与中学数学教法差异以及高校与中学的学生学习方法差异等角度做了探讨。针对这些断层、重叠现象，众多学者先后以发表研究论文的形势提出了一些相应的解决措施：在政策上，提倡改革教学评价制度；在教学方法上，主张高等数学教师注意查漏补缺、分层次教学、多方面引导、多角度考核；在培养学生学习上，引导学生养成正确的学习方法和良好的心理素质，在增强学习自立性、自主性、探索性的过程中提高学生的自学能力。

基于上述背景，结合现有的中学数学教材，对若干高等数学的教材和部分刚入校的大一新生进行系统的调查，并且提出一些建议，以提高高等数学教学的效果。

（一）高等数学与中学数学知识衔接性现状调查

1. 知识重叠

通过调查部分刚入学的大一新生，结合中学数学教材和部分高等数学教材可以发现，大部分学生已经对如下知识点有了初步的学习和了解。

（1）简单函数的极限求法，极限的四则运算，诸如已经具有了模仿学习的能力。但是，他们只是对极限有一个非常浅显的认识而已，对于一些特殊函数的极限，特别是分母趋向于 0 的函数的极限，还无法顺利求解。

(2)导数的定义、几何意义，几个基本函数的导数公式，对于这一部分知识点，大部分学生表示比较熟悉，因此，在学习高等数学时，有一种似曾相识的感觉，学起来相对轻松一些。

(3)导数的应用，包括求曲线的切线、费马引理、求极大值和最大值、判断函数的单调性等，中学数学教材和大部分高等数学教材都给予了详细叙述，学生对此的掌握程度也比较理想。

(4)空间解析几何部分，主要包括空间向量的定义和坐标表示，特殊向量，向量的加、减、数乘、数量积，向量的夹角，向量的位置关系等，这些也是中学数学教材和高等数学教材中的重点章节。

2. 知识断层

除了上述的知识重叠，中学数学教材与大部分高等数学教材之间存在的更值得我们关注的问题就是知识断层现象。通过考察一些高等数学教材和对高校新生的调查，我们发现如下几类知识点是一些大一新生的薄弱环节。

(1)三角函数中的积化和差、和差化积、万能公式以及正割、余割函数。对此类函数和公式的掌握程度将直接影响对求导数和不定积分、定积分的学习。

(2)反三角函数。大多数学生表示在中学阶段没有学习过反三角函数，而这一类函数却在导数、积分的计算中大量出现。

(3)极坐标、球坐标、柱坐标变换。这几种变换虽然在中学数学教材中有所包含，但是很多学生却对此掌握得很少，不足以应付多元函数积分的学习。

(4)双曲函数、反双曲函数。关于这两类函数，目前的中学数学教材没有涉及，而这些是物理学专业学生在学习专业课程时所需要的函数，在学习高等数学时必须要掌握关于它们的图像、导数、积分等知识。

(5)二项式展开定理。此定理虽然被包含在高中数学教材中，但是经过调查我们发现，很多学生对此定理表示掌握得不好。甚至有一些高中时学习文科的学生连二项式系数的计算都没有掌握。

(6)数学归纳法。这个知识点虽然数学思想非常简单，可是对于一部分学生来说，在具体应用时，将第 k 步的情形推广到第 $k+1$ 步还是比较困难的，这反映了学生缺乏灵活多变的思想。

(二)对策与建议

鉴于上述调查情况，我们可以从如下几个方面给出建议，以提高高等数学教学的效果，激发学生学习高等数学的积极性。

(1)对于高校教学管理部门来说，应加强对于以上各种问题的认识，及时地了解中学数学教材和教学改革的情况，并与一些最新版的高等数学教材做对比，以便了解两类教材之间的知识衔接情况，同时，多开展对高等数学教学活动的指导和对教学效果的调查，督促高等数学教师及时调整教学大纲，把握知识讲解重点。

（2）作为整个教与学的主导者，高等数学教师应该发挥其主导作用，指导学生学习好高等数学。

①在正式介绍高等数学的知识之前，可以考虑进行短期的学前知识培训，对上述各知识点进行查漏补缺；

②及时地了解中学数学教材的内容，调查大一新生数学方面各个知识点的掌握情况，结合不同专业学生的专业课程需求制定教学方案，因材施教，因人施教；

③介绍合适的参考资料，引导学生自主学习；

④在施教的过程中，多帮助学生进行知识点的梳理、归纳、总结，对于刚刚脱离中学教学手段的学生来说，会更好地提升其学习效果。

（3）对于学生管理工作者来说，应多加强对学生的引导与管理，促使其养成良好的学习习惯。

（4）作为学习的主体，学生应该主动把握好自己的学习状况，制订合理的学习计划。

①要树立正确的学习观念，不要因为一时的学习困难就产生气馁、厌学，甚至恐惧的情绪。

②主动寻求多方面的教学资源。可以借助图书馆来学习高等数学。

③加强高等数学各个知识点的练习。

④寻找与自己专业课程的结合点，以从中发现高等数学的实际用途，找到学习高等数学的动力。

通过比较中学数学教材和若干高等数学教材，以及对一些大学新生的调查，我们比较系统地列出了上述两种教材之间的知识点的重叠和断层现象，并且从多个角度有针对性地提出了一些建议，以提升高等学校高等数学的教学效果，为理工科类学生更好地学习高等数学提供了一些指导意见。关于如何改进高等数学的教学效果，将是我们进一步研究的目标。

四、构建高等数学知识群的实践与思考

所谓高等数学知识群的构建，我们将其定义为：人们通过类比、对比或其他

方式的联想，而将一系列数学知识、数学方法聚合在一起，并集中学习的做法。由此可见，高等数学知识群的构建是人们的心理活动对数学知识和数学方法内在的关联性的一个自然反映，是人们心理活动的结果。

（一）只通过一个函数的联想而构建起函数单调性、极值、最值、凹凸性、曲率及相关专业知识的高等数学知识群

通过直观观察，学生很容易理解极值的第一充分条件，无须证明即可让学生理解并运用。

（二）导数和偏导数知识群

现有的教材均把一元函数求导和二元函数求偏导分在上、下两册，在教学实践中使之贯通，将其作为一个知识群进行处理，可以收到很好的效果。具体处理方法为：在讲完一元函数求导后，很自然地引出一系列问题：二元函数有导数吗？引出偏导的概念、求偏导的方法，总结出其实质就是一元函数求导。

然后我们将一元函数求导和二元函数求偏导放在一起让学生练习，实践表明，学生不但能提早接触多元函数的偏导数，而且对求一元函数的导数也掌握得更好，高等数学上册的期末考试成绩较高。当然也不难理解，该届学生学习高等数学下册时，对偏导数的掌握也更好。还有一个方面的好处：学习上册时多用了2课时左右，但学习下册时节省了大约6课时。

高等数学知识群是开放的、发展的、不断变化的，可依学情等因素由教师自主组合。组合过程中，可以打破大的模块限制甚至是上、下册内容的限制。教学实践表明，适当利用，可以极大提高学生学习高等数学的积极性，从而有效扭转当前高等数学教学枯燥、乏味的现状。

第二节　培养数学能力

高等数学课程是高等学校理工科各专业的重要基础理论课，它不仅是各专业学科及其他理工科数学课程的重要工具，更是培养学生理性思维、创新思维、思辨能力的重要载体，是开发大学生潜在能动性和创造力的重要基础，也是影响人才创新能力的关键因素。在高等数学教学中要培养大学生的创新思维品质，加强对大学生创新能力的培养，在教学过程中要注意培养学生的观察力和创新思维，使大学生成为综合素质高，具有创新理念、创新意识的复合型创新人才。

高等数学教学中要加强对学生进行创新教育。高科技时代，创新教育是培养学生创新精神和能力的教育方式，其核心内容是创新思维能力的提高。在高等数学教学中，如何实现创新教育，这是值得高校教师关注的问题。由于学生进入高校最先接触的基础课是高等数学，教师要在高等数学教学中培养学生的创新意识及创新能力，要善于在教学过程中挖掘书籍中关于创新和能够创新的问题，将创新工作和新知识点引入高等数学的课堂教学之中，让学生通过对高等数学课程的学习，掌握基本的方法，更好地培养和提高大学生的创新能力。

数学能力是保证数学活动顺利进行的个性心理特征。

一、高等数学教学中创新能力的培养

高等数学的教学任务是培养学生掌握高等数学的基本知识、基本原理、基本定理，它将为学习其他学科提供数学的基础知识，这些高等数学的知识必将运用到今后的实际研究工作和生活中。显然，高等数学知识是否熟练掌握，关系到大学生进入社会工作后的应用结果。因此，作为教师，在教授高等数学知识时就要注意培养学生的创新意识，不要认为高等数学只是一种基础知识，要通过对学生传授高等数学知识，营造良好的学习环境，培养学生的观察能力，鼓励学生自主探讨，培养学生的创新能力。

在高等数学教授过程中对学生进行创新教育，要求教师给学生提供良好的学习环境。教师在教学过程中要发扬民主作风，在课堂上创建一个平等、民主的教学环境，鼓励学生发言，学生内部之间进行讨论，强化学生学习的自主意识。要留给学生充分发挥创意的空间，鼓励学生进行创新，让学生敢于发表自己的意见。要多创造机会让学生表现自己，展现自己的创意，在表现中获得自信，提高自己的创新能力。教师在总结时，要多鼓励学生，激活学生对创新理念的认知。针对不同的高等数学教学内容，应该采用恰当的教学方法，培养学生的创新能力。

（一）概念性内容应注重发现式教学法的运用

指导思想是在教师的启发下，使学生自觉、主动地研究客观事物的属性，发现事物发展的起因和内部联系，从中找出规律，形成自己的概念。在运用发现式教学法进行概念性内容的教学时，创新能力培养的重难点在于课堂上如何处理好书籍上已知的定义（学生思想上尚未形成）与实例之间的关系，教师不但要引导学生通过实例得到基本数学表达式，而且更应关注在实例抽象过程中学生思维上相关概念形成的过程，全力引导、启发学生体会其中的数学思想，只有这样，才能使学生"发现"这些隐藏在实例中的事物的本质，"提出"相应的概念，达到提高创新能力的目的。如在定积分概念的教学中，教师应将重点放在如何引导学生深入分析曲边梯形的面积和变速直线运动的路程这两个问题上，从处理直与曲、匀速与变速之间的相互转换过程中领悟定积分的思想方法，再通过学生自己的抽象、归纳，自然而然地"创造"出定积分的定义。

（二）理论性内容应侧重探究式教学法的运用

探究式教学法是教师根据教学内容，适当设置或改变一些条件，提出相应的问题，引导学生通过探索、研究，揭示问题的内部规律的一种教学法。它的主要优点是可以充分发挥学生的观察力、思维力、想象力和创造力，利用学生在探索过程中产生的新奇、困惑，激起他们的大胆猜测，促进他们创造性思维能力的提高。

（三）应用性内容应不限于讨论式教学法的运用

讨论式教学法是教师围绕教学内容拟订密切相关的若干问题，通过组织学生讨论，最后共同总结、归纳出解决问题的一般性方法。它的优点在于可以增强学生的主体意识，使学生能够积极参与、集思广益、开拓思维，从而提高他们的创新能力。讨论式教学法有利于开阔学生思路，培养学生善于发现问题、全方位分析问题、多角度研究问题、综合处理问题的能力，有利于学生积极思考、相互研讨，培养学生的协作能力和创造能力，促进学生逻辑思维能力的提高，具有研究和启发式的教学特点。教学过程中，将知识的传授与综合能力的培养统一起来考虑，以书籍为蓝本，着力分析问题的产生、理论的建立、方法的运用，使学生弄清知识形成的全过程，让学生既学到基本理论知识，又学到做学问的方法。

培养学生的创新思维和实践能力是高等学校实施素质教育的重要内容。近年来，虽然高等数学的教学内容整体上基本稳定，知识结构也没有太多变化，但是在教学过程中也发现了许多问题，多数学生学习的目标仅仅是为了通过期末考试，而很少重视培养自己的数学能力。在课堂教学中，如何由传统的单纯传授知识向培养学生创新思维和实践能力转变、如何利用先进的教学手段为数学教学服务、如何找到培养学生创新意识的新途径是有待解决和探讨的问题。鉴于此，笔者结合教学工作中的一些体会，针对在高等数学教学中如何提高学生的创新思维和实践能力进行了初步的思考与探索。

1. 课堂上采用新的教学方法，注重学生创新意识的培养

在课堂教学中，教师要把学生当作教学的主体，引导和启发学生学会自己思考，用问题激发学生的学习兴趣。根据教学内容的不同，可以有问答法、思路法、分解法、对比法、课堂讨论法。改传统习题课为讨论课，在讨论课上，就一个或几个难点、重点问题开展讨论，充分发挥学生的积极，让学生自由发表观

点，通过学生讨论和教师点评，最终统一在正确的理解上。实践表明，采用这些方法后，学生的逻辑推理能力、分析判断和解决问题能力都得到了锻炼和提高。思维能力的提高无形中对基础知识、基础理论的学习也起到了推动作用，这一切为他们创新思维的形成奠定了坚实的基础。例如在讲授曲面积分的计算时，除了书本上的分面投影，可以引导学生积极思考其他的解决方法，如能不能把不同的对坐标的曲面积分划归到同一积分形式呢？如果能，这样一定可以大大节省做题时间。学生在寻找新的解决途径时无形中会提高他们的创新思维能力。总之，在高等数学教学中，要做到变灌输为启发，变督促为引导，变"让我学"为"我要学"。

2. 教师要精心设计教学环节，把教学当作一门艺术

高等教育的改革和创新人才培养的提出，对教师提出了更高的要求。长期以来，许多教师习惯于传统教学模式，还有一部分教师不熟悉新的教学方法和手段，不少高校也采取了一些措施来激励教师在课堂教学中不断培养学生的创新思维和实践能力，但效果并不明显。课堂上培养学生的创新思维必须有一套合理可行的方法。首先，教师要有渊博的知识，不断钻研教学内容，真正吃透并讲出课堂精髓，做到"重点讲透，难点讲通，关键讲清"。其次，教师要研究教学规律，不断把正确的教学思想和理念贯彻到教学中去，比如高斯公式、斯托克斯公式、格林公式、牛顿-莱布尼茨公式是高等数学中的重要公式，它们都反映了几何形体内部的某种变化率与边界有关量之间的关系。有了一定的基础，学生会提出质疑：为什么完全不同类型的积分会有这些相似的性质？这些相似的性质之间有没有本质的、统一的联系呢？事实上，它们都是同样一个性质在不同情形的各个侧面的体现。在教学中，教师可以引入外微分算子，将不同的积分公式从本质上统一起来。这样，在质疑中，学生能够不断提高自己的创新思维能力。最后，教师要精心设计每一堂课，不断创新，寓教于理，寓教于情，寓教于乐，让学生在欣赏和享受中汲取营养。在课堂上不断激起学生学习的兴趣是非常重要的，让学生克服惧怕数学的心理阴影，使其喜欢数学课，教师起到了重要的作用。数学知识的连贯性很强，课堂上一节课的内容，学生课下花费两小时也未必能完全理解掌握，这样给后续知识的学习造成了障碍，学不会更不想听，最终的结果是不喜欢数学课甚至不想看到数学老师。所以，让学生在快乐的状态下学习数学知识显得尤为重要。

3. 不断改革教学内容，让创新贯穿整个教学过程

创新能力的培养应该贯穿整个高等数学的教学过程，把创新教育融入课堂教

学的各个环节，使学生在学习数学知识的同时自觉形成创新意识和创新精神。在课堂上，教师要鼓励学生大胆提出新问题，并对其进行鼓励和引导，给学生充分发挥和想象的空间。在教学中，教师一般很喜欢学生当堂质疑，不论正确与否，对于这些学生，教师不但不会进行批评反而还会进行鼓励，学生只有具备了创新意识和创新精神，才会孜孜不倦地去学习和探索新知识。将创新贯穿于整个课堂教学对于提高学生的创新思维能力至关重要。我国传统的高等数学教学注重演绎及推理，重视定理的严格论证，这对于培养学生的数学素养有一定的好处。然而，对大部分专业的学生来说，高等数学只是一种工具，从应用的角度考虑，学生学习的重点是要对结论进行正确理解。因此，在教学中，教师应强化几何说明，重视直观、形象的理解，把学生从烦琐的数学推导中解脱出来，做到学以致用。例如，在介绍积分中值定理时，结合函数图像进行分析，说明能够找到一个矩形的面积和曲边梯形面积相等。再比如讲解拉格朗日中值定理时，可以引导学生思考：当两个区间端点不在同一个高度时，曲线内部是否仍存在平行于两端点连线的切线？进一步从图像上分析证明过程中辅助函数的构造方法，启发学生思考其他的构造方法，这样既加深了学生对定理内容的理解，同时也有助于学生对知识的应用。

4. 积极实践，探索培养学生创新意识的新途径

课堂上，教师应将粉笔板书与多媒体演示结合起来，根据每个环节的不同特点，采用不同的教学方法，使教学变得轻松而有趣，从而提高教学效果。对于立体图形和一些动态演示，可以借助多媒体加强直观性和趣味性；而对于一些逻辑上的推导，借助于黑板才能更清晰地展示给学生。两种手段结合起来使用，会取得更好的课堂效果。教师可以将教学内容传到网上，学生可以在网上自由查阅，还可以在网上答疑，学生的作业提交和返还也可以在网上进行，使用现代化的教学手段不仅可以提高教学效率，还可以增强学生的学习兴趣。

数学能力包括数学运算能力、逻辑思维能力和空间想象能力，合称为"数学三大能力"，这些能力是职业能力的重要组成部分。

数学运算能力是指根据一定的数学概念、法则和定理，由一些已知量得出确定结果的能力，运算能力是职业能力的核心能力之一。逻辑思维能力是指正确、合理思考的能力，即对事物进行观察、比较、分析、综合、抽象、概括、判断、推理的能力，这不仅是学好数学必须具备的能力，也是学好其他学科、处理日常生活问题所必需的能力。空间想象能力是指大脑通过观察得到的一种能思考物体形状、位置的能力，是对事物空间关系的感知能力，它是一种既有严密的逻辑

性，又能高度概括和洞察事物的能力。

在高等数学教学中，要注重培养学生的数学能力。要对解题方法和解题技巧进行科学系统的训练，培养学生的数学运算能力。要通过观察与实验、分析与综合、一般与特殊等数学思维方法，培养学生的逻辑思维能力。要通过数学模型观察、几何图形变换、数学问题直观化等手段培养学生的空间想象能力。

二、高等数学教学中审美能力的培养

数学教育与教学的目的之一，应当让学生获得对数学美的审美能力，从而既有利于激发他们对数学科学的爱好，也有助于增长他们的创造发明能力。审美能力是人独有的能力，它的形成与发展与人的生理素质有关，更与人的社会实践有关。在数学教学中，为了培养学生的数学审美能力，要求教师引导学生对学习内容中的数学美的特征产生兴趣，把抽象的数学理论美的特点充分展现在学生的面前，渗透到学生的心灵中，使他们感到数学王国也是充满着美的。

（一）数学美感的形成

数学审美心理的基本形态是数学美感。数学美感，亦称数学审美意识，是指数学审美对象作用于审美主体，在其头脑中的反映。数学的审美意识包括数学审美意识活动的各个方面和各种表现形态，如审美趣味、审美能力、审美观念、审美理想、审美感受等。

数学美感的表现形式和产生美感的原因是多方面的、多层次的。从数学美感的形成上看，它是一个由表及里、由感性认识向审美观念升华的过程。其最低层次往往是由审美对象外在形式的触发而引起的。当数学家发现了某种具有美的特征的研究对象时，通过第一眼的印象就可能立即受到强烈的吸引，被所观察的数学对象的美所感动而心荡神迷，甚至达到沉醉忘我的地步。如对称的几何图形、整齐的行列式、统一的方程式、奇异的数学式子、抽象的数学符号都会使他们为之倾倒，并醉心于数学美的享受之中。

但是，许多数学家认为是美的东西，其他人却不见得能发现其美。而在外行人看来比较枯燥无味的东西，数学家却能理解其中的奥妙，领略到美的神韵。这种美感是一种高层次的美感，它与数学家的素养、数学研究的经验和对数学理论的评价水平有关，是处在审美意识深层的一种发现形式，人们称之为审美观念。这是由数学的审美经验的积累和归纳而成的概念形态。

在高等数学教学中，如果能经常揭示这些数学美，使学生走过数学家的思维历程，感受其中的思维灵感，比单纯讲授一个定理、公式更有意义。同时数学美感的形成，也会使学生更深刻地理解数学知识。

（二）数学审美能力的培养

数学审美能力是审美主体欣赏数学理论的审美价值时所必需的能力。数学审美能力的培养，一方面可通过数学的学习、研究形成，另一方面可通过数学的审美实践和审美教育来培养。数学的审美教育可通过多种方法和途径来实现，其途径之一就是学习美学的基本知识，懂得一定的艺术规律。在数学教学中，要求教师具有一定的美学基本知识，认识数学美的特点，能够有效地感知和理解教学内容中的美学因素。教师只有具备基本的美学知识，才能把与数学内容有联系的美的因素引入课堂教学中，学生才能感知和理解数学美，从而产生学习兴趣，达到以"美"促"智"的目的。

从理智上认识美是很重要的，而将其融入情感，使人通过对美的感受、体验等心理活动，在情感上受到感染则更为重要。审美教育的过程常伴随着主体强烈的情感活动，它能引起人们情感的激荡，造成情感上的共鸣。教育者对事业、对学生、对数学要充满真挚热爱的情感，教师对事业、对学生的热爱之情会使学生感到亲切，教师对数学强烈的热爱会使学生对所学的内容倾注自己的情感，产生对数学的爱。

培养数学的审美能力最重要的途径就是投身于数学的创造实践之中。研究数学是一种艰苦的创造性劳动，它需要强烈的对美的追求和浓厚的数学审美意识。数学创造过程需要审美功能的全面发挥，在数学的创造实践中培养数学的审美能力是最有效的方法。在数学的学习过程中能够培养数学的审美能力。例如，通过对杨辉三角形的直观观察，可推出许多的组合恒等式，对于这些等式，不一定要一个一个地看下去，而是可以通过自己的观察、猜想去推证。教师要选择一些典型问题，一步一步地启发学生去发现。

第三节　强化数学素养

作为高等学校理、工、经、管类等各专业的一门重要的公共基础课，高等数学是多学科共同使用的一种精确的科学语言，是培养学生的数学意识、数学精神和创新应用能力的重要载体，它不仅是学生学习后续专业课程的基础，还是研究生入学考试的必考课程之一，更是科技产业人员科学技术素质的重要基础。该课程不仅传授高等数学知识，更肩负着培养高校非数学专业学生数学素养的重要任务，在高等教育的专业人才培养过程中具有十分重要的地位和作用。

　　高等数学课程不仅要传授知识，更要传授数学的精神、思想和方法，培养学生的思维能力和数学素养。

　　数学的许多理论与方法已经广泛深入地渗透到自然科学和社会科学的各个领域之中。随着知识经济时代和信息时代的到来，数学更是"无处不在，无所不用"。数学在各个领域的应用对大专院校的高等数学教学提出了更高的要求。高等数学是非数学专业的一门重要的基础课，该课程除了能够使学生收获到必要的数学知识以外，更重要的是还能让他们收获到终身受益的良好的数学素养和数学思维。只有掌握了正确的科学思维方法和具备了良好的数学素养，才能提高应变能力和创新能力。

一、数学素养的内涵

　　由经济合作与发展组织（OECD）领航的国际学生评估项目（PISA）对数学素养的界定是：数学素养是一种个人能力，能确定并理解数学对社会所起的作用，得出有充分根据的数学判断和能够有效地运用数学。这是作为一个有创新精神、关心他人和有思想的公民，适应当前及未来生活所必需的数学能力。

　　南开大学数学科学学院顾沛先生认为数学素养是通过数学教学赋予学生的一种学数学、用数学、创新数学的修养和品质，也可以叫数学素质。具体包括以下五个方面内容：主动探寻并善于抓住数学问题中的背景和本质的素养；熟练地用准确、严格、简练的数学语言表达自己的数学思想的素养；具有良好的科学态度和创新精神，合理地提出数学猜想、数学概念的素养；提出猜想后以数学方式的理性思维，从多角度探寻解决问题的道路的素养；善于对现实世界中的现象和过程进行合理的简化和量化，建立数学模型的素养。

二、培养数学素养的重要性

　　数学与人类文明、人类文化有着密切的关系。数学在人类文明的进步和发展中，一直在文化层面上发挥着重要的作用。数学素养是人的文化素养的一个重要方面，而文化素养又是民族素质的重要组成部分。因此，培养学生的数学素养还有利于学生适应社会发展，有利于今后的可持续发展。大多数非数学专业的学生在今后的工作中所需要的数学知识并不多，如果他们毕业后没有什么机会去用数学，那么他们很快就会忘掉在学校所学的那些数学知识，包括具体的数学定理、数学公式和解题方法。对此，日本著名数学教育家米山国藏认为："不管学生们将来从事什么工作，深深铭刻在心中的数学精神、数学的思维方法、研究方法、推理方法和看问题的着眼点等，却将随时随地发生作用，使他们受益终身。"他还说："对科学工作者来说，所需要的数学知识，相对来说也是不多的，然而数学的研究精神、数学的发明发现的思想方法、大脑的数学思维训练，却是绝对必要的。"由此可以看出，对学生今后的发展起到最大作用的并非他们在课堂上学到的数学知识，而应是在循序渐进的数学学习过程中获得的数学的精神、科学的思维方法、分析问题的逻辑性、处理问题的条理性、思考问题的严密性。这些良好的数学素养对人的发展起着不可或缺的作用。①

当前，各高校、各专业的高等数学课程标准不同、书籍版本不一、师资水平不齐。高等数学教育教学改革创新可以按照"谁来教，教什么，怎么教，怎么考"的总体思路展开思考，即从师资水平、教学内容、教学方法、考核方式等方面进行探索。

（一）重视数学的灵魂——概念和观念的教学，培养学生善于抓住问题本质的素养

高等数学中的很多基本数学概念，如极限、导数、积分和级数等都是从实际应用问题中产生并抽象出来的，数学概念的提出和完善过程最能反映抽象思维的过程。而且只有深入分析并透彻理解数学概念才能指导学生将其应用于解决其他相关问题，从而提高应用能力。如果将教学的重心放到解题方法和解题技巧上，而忽略了真正的灵魂——概念和观念的教学，就是本末倒置了。例如，在导数概念的引入过程中增加一些有趣的、新颖的例子，让学生体会从实际问题中抽象出数学概念的方法，同时在课外练习中增加很多概念理解型的题目，帮助学生深刻理解导数概念的本质；在引入偏导数和全微分概念的时候，通过实例引导学生得到多元函数的类似概念；讲授微分概念时，着重强调以直线段代替曲线段、以线性函数代替非线性函数的思想。另外，还可以简单地介绍离散化、随机化、线性化、迭代、迫近、拟合及变量代换等重要的数学方法，让有兴趣的学生课后查找资料进行深入学习。这样做可以让学生学会解决实际问题的根本方法即抓住问题的本质，并在探究的过程中体会到乐趣和成就感，同时培养学生抽象的能力、联想的能力以及学习新知识的能力，有利于提高学生的数学素养。

（二）在课堂教学中渗透数学史，让学生感受数学精神、数学美

现代数学的体系犹如"茂密的森林"，容易使人身陷迷津，而数学史的作用正

① 沈世云，朱伟. 高等数学[M]. 重庆：重庆大学出版社，2020.245.

是指引方向的"路标"，给人以启迪。数学的发展历史中，包含了许多数学家无穷的创造力。很多数学问题并非靠逻辑推理就能一步步解决的，而是起源于某种直觉、某种创造性构建，甚至把许多表面不相关的东西牵连在一起思考后再通过严密的逻辑推导过程来完善它。如果在课堂上适时、适当地引用数学史的知识作为补充和指导，不但可以活跃课堂气氛，还可以激发学生的学习兴趣。比如在讲授微积分的内容时介绍它是人类数学史上的重大发现，介绍牛顿-莱布尼茨定理产生的历史背景；在讲授解析几何时，将笛卡儿引入坐标方法用方程表示曲线并创立解析几何的思维过程展现给学生，使学生明白学习解析几何的意义。通过数学史可以了解知识的逻辑源头，理解数学概念、结论产生的背景和逐步形成的过程，体会蕴含在其中的思想，体验寻找真理和发现真理的方法，体会数学家的创造性，有利于培养学生的创新能力。同时，数学的发展并非是一帆风顺的，数学史是数学家们克服困惑和战胜危机的斗争记录，是蕴含了丰富数学思想的历史，学生了解数学史的同时会为数学家们的科学态度和执着追求的精神而感动，这是能够引领学生一生的精神食粮。除此之外，数学无论是在内容上还是在方法上都具有自身的美。数学之美体现在多个方面，如微积分的符号集中体现了数学的简洁美，众多微积分公式体现了数学的对称性和协调性，线性微分方程解的结构体现了数学的和谐美。在讲授高等数学的时候引导学生欣赏数学的美，数学的学习将不再枯燥，学生的审美情趣也会在对美的享受过程中逐步提升。

数学技术分为软技术和硬技术，软技术是指数学原理、数学思想、数学方法和数学模型，软技术提供的是论证方法和计算方法，它有助于人们分析信息，寻找方法，建立模型，进而解决问题，为社会创造价值；硬技术是指各种数表、计算器和数学软件，如图形计算器、几何画板等。硬技术提供的是数学应用工具，它有助于人们更好、更快、更便利地解决问题。

在高等数学教学中，要根据专业需要让学生掌握一定的数学技术。

一是注重数学思想和方法的教学，要根据教学内容及时总结提炼数学思想和方法，让学生明白这些思想和方法的作用，为学生今后从事专业工作储备必要的方法技术。

二是重视数学建模的教学，在每章节学习结束后，教师可选择一些与专业有关的问题进行建模示范，激发学生学习数学的热情，为学生以后解决专业问题、建立数学模型奠定良好的基础。

三是注重使用数表、计算器和数学软件，把学生从繁杂的计算中解脱出来，让学生把更多的时间用在猜想、实验、推理、建模、应用上。

四是注重数学实验教学，让学生借助计算机体会数学原理，发现数学规律，体验解决问题的过程。

数学素养是指人们通过数学教育所获得的数学品质，它也是一种文化素养。数学素养就是把所学的数学知识都排除或忘掉后剩下的东西，即数学素养是一种数学习惯。一个具有良好数学素养的人在解决问题时，比他人具有更强的优势和能力。他们善于把问题概念化、抽象化、模式化，在讨论问题、观察问题、认识问题和解决问题的过程中，善于抓住本质、厘清关系、找出办法并推广应用。所以，在高等数学教学中，应注重强化学生的数学素养，这对提高学生的职业能力和解决专业实际问题的能力大有益处。在教学中，一是注重数学文化的熏陶，结合数学史、数学家故事、数学美等内容，激发学生学习数学的兴趣，让学生感悟数学文化的魅力。二是通过严格的训练，使学生逐步领会数学的精神实质和思想方法，在潜移默化中积累优良的数学修养。三是结合专业知识开展多样化的数学活动，提高学生解决实际问题的能力，培养学生的数学意识和数学悟性。

第五章　高等数学教学方法研究

第一节　探究式教学方法的运用

一、什么是探究式课堂教学

探究式课堂教学就是指在课堂教学中以探讨研究为主的教学。完整地说，也就是高等数学教师在课堂教学的过程中，通过启发和引导学生独立自主学习，以共同讨论为前提，以教材的内容为基本探究的切入点，以学生的实际生活为参考，为学生创设自由发挥、探讨问题的机会，让学生通过个人、小组或集体等多种方式解难释疑，把所学的知识用在实际问题中。

数学教师是探究式课堂教学的引导者，主要目的是调动学生学习数学的积极性，发挥他们的思维能力，从而获取更多的数学知识，培养他们发现问题、分析问题以及解决问题的能力。同时教师要为学生创设探究的环境氛围，以便有利于探究的发展，教师要把握好探究的深度和评价探究的成败。学生作为探究式课堂教学的主体，要参照数学教师为他们创设的情境以及提供的条件，要认真明确探究的目标，思考探究的问题，掌握探究的方法，沟通交流探究的内容并总结探究的结果。探究式课堂教学有着一定的教学特点，主要表现为：首先，探究式课堂教学比较重视培养高校学生的实践能力和创新精神；其次，探究式课堂教学体现了高校学生学习数学的自主性；最后，探究式课堂教学能破除"自我中心"，促进教师在探究中"自我发展"。

二、探究式教学的影响因素及实施

（一）探究式教学的影响因素

探究式教学与学习者有关：指学习者具有自主开展学习活动所需要的获取、收集、分析、理解知识和信息的技能，以及热爱学习的习惯、态度、能力和意愿。以这一指标来衡量高等数学课程教育，体现高等数学课程中学生自主学习为主的特色。

探究式教学与课程的设置有关：课程的设置是一门实践性很强的学问，是衡量高等数学课教学品质的重要标准，有助于推动理论联系实际的教学，贯彻学校培养应用型人才的培养目标。

探究式教学和人与人之间的交流沟通有关：学生要不断自我完善，具有良好的心理素质、职业道德及宽以待人等品质。以这一指标衡量高等数学课，丰富了人才培养目标的内涵，也与竞争比较激烈的社会特点相适合。

（二）探究式教学的实施

教师必须基本功扎实，熟悉教学过程，了解学生的基础，掌握教学大纲，熟悉教材，能把握教学的中心，突出重点，合理设置教学梯度，创设探究式教学的情景，使学生能配合老师搞好教学。

教师应精讲教学内容，掌握好教与练的尺度，腾出更多的时间让学生做课内练习，这不仅有利于学生及时消化教学内容，还有利于教师随时了解学生掌握知识的情况，及时调整教学思路，找准教学梯度，使教与学不脱节，保证教学质量。练习是学习和巩固知识的唯一途径，如果将练习全部放在课后，练习时间难以保障。另外，对于基础较差的学生，如果没有充分的课堂训练，自己独立完成作业就会很困难，一旦遇到的困难太多，他们就会选择放弃或抄袭。

巧设情境，加强实践教学环节。以新颖的教学风格吸引学生的注意，让学生在愉悦的氛围下学会知识。针对不同的培养目标，数学理论的推导和证明实施弱化处理，以够用为主。要加强对学生动手操作能力的培养，但不必让非数学专业的学生达到数学专业的学习目标。另外，通过数学实验，学生可以充分体验到数学软件的强大功能。数学的直接应用离不开计算机作为工具，对于工科学生来说最重要的是学会如何应用数学原理和方法解决实际问题。要把理论教学和实践教学有机地结合起来。其中，教学设计的部分如下文所示。

1. 教材分析

在研究数列与函数极限的基础上，通过类比来研究函数极限的定义，让学生进一步掌握研究极限的基本方法，并为他们今后学习高等数学奠定良好的基础。

2. 学情分析

高校学生大多数学基础弱，因此，在教学中如何调动大多数学生的积极性，如何让他们主动投身到学习中来，就成为本节课的重中之重。

3. 设计思想

本节课采用探究式教学模式，即在教学过程中，在教师的启发引导下，以学生独立自主和合作交流为前提，以问题为导向设计教学情境，以"三种函数极限的推导"为基本探究内容，为学生提供充分的自由表达、质疑、探究、讨论问题的机会，让学生通过个人、小组、集体等多种形式尝试活动，在知识的形成、发展过程中展开思维，逐步培养学生发现问题、探索问题、解决问题的能力和创造性思维能力。

4. 教学目标

（1）学生能从变化趋势理解函数在 $x \to x_0$，$x \to x_0^+$，$x \to x_0^-$ 时的极限的概念。

（2）会求函数在某一点的极限或左、右极限，掌握函数在某一点处的极限与左、右极限的关系。

（3）通过对函数极限的学习，逐步培养学生发现问题，观察、分析、探索问题和解决问题的能力。

5. 教学重点、难点

教学重点：函数在某一点的极限或左、右极限。

教学难点：区分几种不同类型极限的差别和正确理解极限的概念。

6. 教学用具

多媒体。

（三）课后的反思与体会

（1）时间问题：探究要有主次，要进行有效探究；课前、课上相结合，灵活处理教学内容，有效利用时间。

学生活动本身就很耗时间，再加上学生这么大范围地进行科学探究活动，时间变成了突出问题。课堂 40 分钟已经无法满足科学探究的需要。要留给学生充分的活动时间，要进行大范围完整的探究活动，要能根据不同班的具体情况来安排教学环节，探究的内容不能过多，要清楚主要探究什么（并非每个问题都要让学生进行探究）。对于难度较大的探究课题，为了能在规定的时间内完成探究活动，可在课前给学生布置任务进行预习准备，可在课前让学生进实验室认识器材、选择器材、熟悉器材。笔者认为，探究的结果可以有出入，但探究的时间要充足，过程要尽量完整，否则匆匆探究，草草收场，只能流于形式，达不到探究的目的。办法在人想，时间不应成"问题"。

（2）控制问题：加强纪律教育，加强理论修养。

在这种教学模式中，教师是引导者、组织者。就算教师准备得非常充分，也难免会发生一些意外。再加上班里有很多学生，教师组织起来就非常费劲，很难顾及每名学生，往往会出现失控的场面，甚至出现有些乱的局面。建议加强纪律教育，严格要求学生遵守实验纪律，教师更要加强理论修养，应对问题时才能灵活机智。

（3）评价问题：改变对"成功"概念的理解，利用"激励性"评价。

不要把探究的结论作为评价的唯一标准，而要根据学生参与探究活动的全过程所反映出的学习状况，对其学习态度、优缺点和进步情况等给予肯定的激励性的评价，学生的积极参与、大胆发表意见就是"成功"。由于学生的先天条件和后天的兴趣、爱好的差异，课堂教学中教师应尽量避免统一的要求，对他们不是采取取长补短，而是采用扬长避短，让他们在不同层面上有所发展，体会到成功的喜悦。注意培养全体学生的参与意识，激发其学习兴趣，并将其在活动中的表现纳入教学评价中来。

总之，教育的出发点是人，归宿也是人的发展。探究式教学就是从学生出发，做到以人为本，为每名学生提供平等参与的机会，让学生在宽松、民主的环境中体验成功。只要我们加强认识、积极探索，定能找到得心应手的探究式教学方法。

第二节　启发式教学方法的运用

一、高等数学课堂现状

国内的很多高等数学都是大班教学，一个班都是七八十甚至上百人，严重地违反了教学规律，由于人数众多，师生互动就比较困难，老师观察不到所有学生的反应，教学效率比较低。为了保障教学效率，老师利用整堂课时间来讲解数学定义、定理及方法，学生通过反复的模仿、练习来掌握老师所讲的内容，数学方法和规律的形成和发展被人为地忽略。现在的教科书，为了遵循数学内部的逻辑性，形式化地教授有关概念、命题、公式，没有把数学的来龙去脉讲清楚，所以大多数学生对数学提不起兴趣，觉得枯燥、乏味、学习数学是一件迫不得已的事情。

二、教师教学水平对数学课堂的重要性

数学概念、法则、结论的产生和发展经历了反复曲折的过程，数学课堂有责任让学生了解数学的本质，这就对教师的专业素质提出很高的要求。教师不能像

教科书一样把静态的知识点一一罗列出来，而是要把数学的本质给学生呈现出来，因为在课堂上对教学效率起着决定性作用的往往是教师的教学水平而非教材的水难。有些教师可以把枯燥无味的知识点讲得生动有趣，而有些数学教师却无法依靠一本好的教材而提高自己的教学水平。

三、教师要善于启发学生

对于课堂教育而言，高等数学要培养能发现问题、提出问题、解决问题的创新型人才，而不是简单的承载知识的容器，数学课堂要为学生展示数学最为鲜活的一面，尽可能地引导学生探索新问题以激发他们的学习兴趣，通过解决实际问题让他们获得成就感。学生在数学课堂上学会以问题为导向有针对性地学习相关方面的知识，这对他们未来的生活和学习都是非常重要的。引导学生就要有相应的问题情境，这些问题也不是自发产生的，而是教师有目的地进行活动的结果。例如，常数变异法是解线性微分方程的一种非常有用的方法，下面我们以一阶的为例。

课本上先得到对应齐次线性方程的解。接着就说所谓用常数变异法来求非齐次线性方程的通解，就是把通解中的 C 换成 x 的未知函数。

对于这样一个结果，学生不知道它的来龙去脉，不明白自己到底在学什么，为什么看似没有任何关联的数学方法就这样生拉硬扯地结合在了一起。教师有责任引导、启发学生，让学生主动地参加，创造性地领会研究数学中猜想和估计的重要性。

四、启发式教学在高等数学教学中的具体实践

启发式教学指教师在教学过程中根据教学任务和学习的客观规律，从学生的实际出发，采用多种方式，以启发学生思维为核心，调动学生的学习主动性和积极性，促使他们生动活泼地学习的一种教学指导思想。其基本要求包括：（1）调动学生的主动性；（2）启发学生独立思考，发展学生的逻辑思维能力；（3）让学生动手，培养其独立解决问题的能力；（4）发扬教学民主。教师在课堂教学过程中，应用启发式教学法要避免下述两种思维误区：一种是"以练代启"，以为调动学生的主动性就是多练习，多练习不是一种坏事，但仅停留在依葫芦画瓢上还不能说是启发式教学；另一种是"以活代启"，以为课堂气氛活跃热烈就是启发式教学，设计一些问题时以简单的"是不是""对不对"等作答。这些都是停留在表面上的行为，那么，在教学中如何搞好启发式教学呢？通过教学实践，笔者认为在教学过

程中应用启发式教学要注意以下三个方面。

（一）依据背景设置情景，激发学生的兴趣，导入新知识

俗话说得好："兴趣是最好的老师。"如果教师在课前针对教学内容的构思酝酿一个新颖有趣的话题，就可以激发学生强烈的好奇心，从而使教学效果事半功倍。例如，在介绍极限概念之前，可以先介绍历史上著名的龟兔悖论：乌龟在前面爬，兔子在后面追，由于兔子与乌龟之间隔一段距离，而在兔子追的过程中乌龟也在前面爬，像这样运动下去，尽管兔子距离乌龟越来越近，但就是追不上乌龟。通过这样一个有趣的问题吸引学生的注意力，从而达到引入极限这个概念的目的。

（二）实际情境转化成数学模型，进行问题分析，探索新知识

教师在课堂教学中适当穿插问题并进行总结，可启发学生思考并达到理解新知识的目的。例如，我们知道上述悖论在现实生活中是不成立的，但是粗略来看，我们又挑不出毛病来，这是因为上述悖论在逻辑上是没有问题的。那么，问题究竟出现在哪里呢？我们再来分析上述过程，可知，在运动过程中，兔子与乌龟的距离是越来越小的，转化成数学问题，就是无穷小是否有极限，从实际来看，兔子一定可以追上乌龟，转化成数学说法就是无穷小的极限为0。这样，通过实际问题，我们就得到了新知识的一个特征。

（三）精心设计课堂练习，巩固新知识

数学学习的特征是通过练习可以加强我们对相应知识的理解与掌握，由于课堂练习只是课堂教学的一个补充，我们不需要对所讲知识点面面俱到，只需要抓住本堂课程的主要点出一些具有针对性的题即可，练习的设计应遵循先易后难、便于迁移、可举一反三的规律。这样，通过练习可达到化难为易、触类旁通的目的，并培养了学生对问题的联想、知识的迁移和思维的创新能力。

"授人以鱼，不如授人以渔"，一切教学活动都要以调动学生的积极性、主动性、创造性为出发点，引导学生独立思考，培养他们独立解决问题的能力。但任何一种方法在其教育目的的实现上都不会是十全十美的，因此在利用启发式教学法进行高等数学教学实践时，也要根据实际穿插使用各种教学手段，使课堂更加充实和丰满，从而达到我们的教学目标。

第三节 趣味化教学方法的运用

一、高等数学教育过程中的现状问题分析

（一）课程内容单一，缺乏趣味性

高等数学作为重要的自然科学之一，在经济全球化与文化多元化的背景下，已经开始逐渐渗透到其他学科与技术领域。高校高等数学教学的内容应该与新时期社会发展对于人才的需求标准与要求紧密结合，培养适合于社会经济建设、文化发展的优秀人才。实践中，课上教学仍然过多地关注课本知识的讲解，忽视了高等数学与其他学科之间的紧密联系，缺乏对于高等数学研究较为前沿问题的关注与了解。同时，高等数学教师将过多的时间、关注点放在课堂理论知识的讲解上，缺乏趣味性，忽视了对学生实践能力的培养。单一的课堂教学内容，不能引起学生学习该门课程的兴趣与积极性，部分学生出现了挂科、厌学的情形。

（二）理论联系实际不够，应重视数学应用教学

教师在教学中对通过数学化的手段解决实际问题体现不够，理论与实际联系不够，表现在数学应用的背景被形式化的演绎系统所掩盖，使学生感觉数学是"空中楼阁"，抽象得难以琢磨，由此产生畏惧心理。学生的数学应用意识和数学建模能力也得不到必要的训练。针对上述情况，我们应重视高等数学的应用教育，在教学过程中穿插应用实例，以提高学生的数学应用意识和数学应用能力。

（三）对数学人文价值认识不够，应贯彻教书育人思想

数学作为人类所特有的文化，有着相当大的人文价值。数学学习对培养学生的思维品质、科学态度、数学地认识问题、数学地解决问题、创新能力等诸多方面都有很大的作用。然而，教师们还未形成在教学中利用数学的人文价值进行教书育人的教学思想。教书育人是高等教育的理想境界，首先，教师要不断提高自身素质，从思想上重视高等数学教育中的数学人文教育；其次，教师要关心学生的成长，将教书育人的思想贯彻到教学过程中，注重数学品质的培养。

二、高等数学教学趣味化的途径与方法

高等数学是高等学院开设的一门重要基础课程，是一种多学科共同使用的精确的科学语言，对学生后续课程的学习和思维素质的培养发挥着越来越重要的作用。但在实际教学过程中，高等数学课堂教学面临着一些困境：班级中的后进生

数学功底相对较差，加之数学内容的高度抽象性、严密的逻辑性以及很强的连贯性，更是让学生感觉枯燥乏味，课堂气氛严肃而又沉闷，学生学得痛苦，教师教得无奈，特别是一些文科类的学生，对其更是产生了恐惧感，渐渐失去学习数学的兴趣。

著名科学家爱因斯坦说过："兴趣是最好的老师。"因此。调节数学课堂的气氛，提高高等数学课程的趣味性，吸引学生的注意力，调动学生的学习积极性，激发学生学习数学的兴趣，是教师提高教学实效的重要途径。

(一)通过美化课程内容提高数学本身的趣味性

首先，教师要引导学生发现数学的美，有意识地将美学思想渗透到课堂教学中。例如，在极限的定义中，运用数学的一些字母和逻辑符号就可以把模糊、不准确的描述性定义简洁准确表述清楚，体现了数学的简洁美；泰勒公式、函数的傅里叶级数展开式等表现了数学的形式美；空间立体的呈现体现了数学的空间美；几何图形的种种状态体现了数学的对称美；反证法的运用体现了数学的方法美；中值定理等定理的证明体现了数学的推理美；数形结合体现了数学的和谐美；等等。数学之美无处不在，在高等数学教学中帮助学生建立对数学的美感，能唤起学生学习数学的好奇心，激发学生对数学学习的兴趣，从而增强学生学习数学的动力。

其次，在教学过程中化难为简，少讲证明，多讲应用，特别是对于工科类的学生而言，不仅可以减少学生对数学的枯燥感，还可以让学生明白数学其实是源于生活又应用于生活的。在用引例引出导数的定义时，教师可以不讲切线和自由落体，而由经济学当中的边际成本和边际利润函数或者弹性来引出导数的定义，事实上边际和弹性就是数学中的导函数；在讲解导数的应用时，可以结合实际生活，例如电影院看电影坐在什么位置看得最清、当产量多少时获得的利润最大等，事实上最值问题就是导数的一个重要应用，这样把例子变换一下，会让学生体会到数学的应用价值；在介绍定积分时可以不直接讨论曲边梯形的面积，而是让学生考虑农村责任田地的面积，引起学生的注意，提高教学效果；在讲解级数的定义时，先介绍希腊著名哲学家——芝诺的阿基里斯悖论，即希腊跑得最快的阿基里斯追赶不上跑得最慢的乌龟，立马就会引起学生的兴趣，事实上这就是无限多个数的和是一个有限数的问题，即收敛级数的定义，这样学生不仅会觉得有趣，还会印象深刻。

因此，教师在高等数学教学中，应精心设计、美化教学内容，使其更多地体现数学的应用价值，增强数学知识的目的性，让学生意识并理解到高等数学的重要性，从而自发地提高学习兴趣。这样，学生在轻松快乐的气氛中明白了数学是源于实际生活并抽象于实际生活的，和实际生活有着密切的关系，意识到数学是无处不在的。

（二）通过改变教学方式激发学生的学习兴趣

目前在高等学院的数学教学中，"满堂灌"式的教学方法仍然占主导地位，教师讲、学生听，注重反复讲解与训练。这种方法虽然有利于学生牢固掌握基础知识，但却容易造成学生的"思维惯性"，不利于独立探究能力和创造性思维的发展，同时由于过多地占用课时，致使学生把大量的时间耗费在做作业上，难以充分发展自己的个性。因此，创造良好活跃的课堂教学氛围，激发学生的兴趣，提高学生学习数学的热情，合理高效利用课堂时间，是提高教学质量，改善教学效果的有效途径。

笔者结合自身教学实践经验，认为独立学院可以结合自身情况，充分利用上课前5～10分钟时间，采取奖励机制（如增加平时成绩等方法），让学生踊跃发言，汇报预习小结，例如定积分这一节，课堂上就预习情况让学生自由发言，有人说："定积分就是用 dx 这个符号把函数 $f(x)$ 包含进去。"有人说："定积分就是一个极限值。"学生们你一言我一语就把定积分的概念性质说得差不多了，这样一来不仅调动了课堂气氛，培养了学生的自学能力，对教师教学而言也会起到事半功倍的效果。另外，还可以在授课过程中穿插一些数学发展史和著名数学家的小故事，这样既可以丰富课堂元素，缓解沉闷的课堂气氛，又可以扩大学生的知识面，提高其学习数学的兴趣。而在布置作业时，不要单纯地让学生做课后习题，可以布置一些"团队合作"的作业，把学生分成几个小组，让他们利用团队的力量完成作业，比如说简单的数学建模，让学生合作完成，每小组交一份报告。这样既可以锻炼学生的团队协作能力，又大大提高了高等数学作业的趣味性，让学生乐于做作业。

（三）通过优化教学手段提高学生的学习热情

高等数学在多数学校都采取多个班级或多个专业合成一个大班来进行教学。单纯使用黑板进行教学存在很多弊端，针对这样的现状，应当用黑板与多媒体相结合的方法来进行教学。多媒体表现力强、信息量大，可以把一些抽象的内容形象生动地展现出来，例如在讲定积分、多元函数微分学、重积分、空间解析几何时，多媒体课件可以清晰、生动、直观地把教学内容展示在学生面前，既刺激了学生的视觉、听觉等器官，激发了学习热情，又节约了时间，提高了教学实效。

但教师也不能过多地依赖多媒体，一些重要的概念、公式、定理的讲解还是要借助黑板，这样才能使学生意识到这些内容的重要性，且对一些证明和推导过程理解得更充分、更透彻。这种以黑板推导为主、多媒体为辅的教学模式更有助于增加数学教学的灵活性，激发学生的求知欲，提高学生学习数学的热情。

对于高等院校数学课程的教学，教师要结合自身情况、学生情况，适当美化教学内容，并改变教学方法和手段，提升高等数学的魅力，增加该课程的趣味性，降低学生对高等数学的畏惧感，激发学生学习高等数学的热情和兴趣，并逐步培养学生独立思考问题和解决问题的能力。当然，高等院校数学教学还处于起步阶段，高等数学课程的教学内容、教学方式、教学手段等还在不断探索、不断改革。关于该课程的趣味性还需要教师进一步努力，进行更深入的探索。

三、以极限概念为例，展开高等数学教学趣味化的探讨

数学是科学的"王后"和"仆人"。数学正突破传统的应用范围向几乎所有的人类知识领域渗透。同时，数学作为一种文化，已成为人类文明进步的标志。一般来说，一个国家数学发展的水平与其科技发展水平息息相关。不重视数学，会制约生产力的发展。所以，对工科学生来说，打好数学基础非常重要。

获得国际数学界终身成就奖——"沃尔夫"奖的我国数学大师，被国际数学界喻为"微分几何之父"的陈省身先生认为"数学是好玩的"。简洁性、抽象性、完备性是数学最优美的地方。然而，对大多数工科学生来讲，往往感觉"数学太难了"。如此鲜明的对比，分析其原因，应该来自数学的高度抽象性，将冗杂的应用背景剥离掉，将其应用空间尽可能地推广，再将一切漏洞补全，已将数学的核心部分引向高度抽象化的道路，这些都已成为学生喜欢数学的障碍。

我们认为，数学是简单的、自然的、易学的、有趣的。学生在学习过程中遇到的难点，也正是数学史上许许多多数学家曾经遇到过的难点。数学天才高斯要求他的学生黎曼研究数学时，要像建造大楼一样，完工后，拆除"脚手架"。这一思想，对后世数学界影响至深。拆除过"脚手架"的数学建筑，我们只能"欣赏"，只能"敬而远之"。一名好的数学教师，在教学过程中，应该还原这些"脚手架"，还原数学的"简单"，这是初级教学目标。

极限概念是工科高等数学中出现的第一个概念，非常难理解，是微积分的难点之一，也是微积分的基础概念之一，微积分的连续、导数、积分、级数等基本概念都建立在此概念的基础之上。虽然高中课改后，学生已对极限有了初步的认识，但对严格的极限概念的接受、理解、掌握还是相当困难。一个好的开始，可以说是成功教学的一半，处理好极限概念，绝大部分学生就会喜欢上数学，我们

认为培养兴趣应是教学工作中的第一要务。相反，处理不好极限概念的教学，会使很多学生的数学水平停留在被动的、应付考试的级别上。齐民友教授对此现象有一个很生动的说法：在许多学校里，数学被教成一代传一代的固定不变的知识体系，而不问数学是何物。掌握一个科目就是彻底地拿捏有关的基本事实——正所谓舍本逐末、买椟还珠。

同时，高等数学是工科学生进入大学后的第一批重要基础课之一，学分较多，能否学好对学生四年的大学学习会产生重要的心理影响，所以极限概念的教学应引起大学数学教师的重视。

（一）数学史上极限概念的出现

极限思想的出现由来已久。中国战国时期庄子（约公元前 369 年—公元前 286 年）的《天下篇》曾有"一尺之锤，日取其半，万世不竭"的名言；古希腊有芝诺（约公元前 490 年—公元前 425 年）的阿基里斯龟兔悖论；古希腊的安蒂丰（约公元前 480 年—公元前 410 年）在讨论化圆为方的问题时用内接正多边形来逼近圆的面积等，而这些只是哲学意义上的极限思想。此外古巴比伦和埃及，在确定面积和体积时用到了朴素的极限思想。数学上极限的应用较之稍晚。公元 263 年，我国古代数学家刘徽在求圆的周长时使用的是"割圆求周"的方法。这一时期，极限的观念是朴素和直观的，还没有摆脱几何形式的束缚。

1665 年夏天，牛顿在对三大运动定律、万有引力定律和光学的研究过程中发现了他称为"流数术"的微积分。德国数学家莱布尼茨在 1675 年发现了微积分。在建立微积分的过程中，必然要涉及极限概念。但是，最初的极限概念是含糊不清的，并且在某些关键处常不能自圆其说。由于当时牛顿、莱布尼茨建立的微积分理论基础并不完善，以致在应用与发展微积分的同时，对它的基础的争论越来越多，这样的局面持续了一二百年之久。最典型的争论是：无穷小到底是什么？可以把它们当作零吗？

（二）精确语言描述：$\varepsilon\text{-}\delta$（叙述其简洁、严格之美）

现代意义上的极限概念，一般认为是魏尔斯特拉斯（1815—1897 年）给出的。

在 18 世纪，法国数学家达朗贝尔（1717—1783 年）明确地将极限作为微积分的基本概念。在一些文章中，给出了极限较明确的定义，该定义是描述性的、通俗的，但已初步摆脱了几何、力学的直观原型。到了 19 世纪，数学家们开始进行微积分基础的重建，微积分中的重要概念，如极限、函数的连续性和级数的收敛性等都被重新考虑。1817 年，捷克数学家波尔查诺（1781—1848 年）首先抛弃无穷小的概念，用极限观念给出导数和连续性的定义。函数的极限理论是由法国数学家柯西(1789—1857年)初建，由德国数学家魏尔斯特拉斯完成的。柯西使极限概念摆脱了长期以来的几何说明，提出了极限理论的 $\varepsilon\text{-}\delta$ 方法，把整个极限用不等式来刻画，引入"lim"等现在常用的极限符号。魏尔斯特拉斯继续完善极限的概念，成功实现极限概念的代数化。

(三)极限概念的教学

微积分基础实现了严格化之后，各种争论才算结束。有了极限概念之后，无穷小量的问题迎刃而解：无穷小是一个随自变量的变化而变化着的变量，极限值为零。教学过程中应还原数学的历史发展过程，重视几何直观及运动的观念，多讲历史，少讲定义，以引发学生的兴趣。学时如此之短，想讲清严格的定义也是枉然，但是也应适当做一些 $\varepsilon\text{-}\delta$ 题目，体会个中滋味。

研究极限概念出现的数学史，我们发现，现代意义上精确极限概念的提出，经过了约2500年的时间，甚至微积分的主要思想确立之后，又经过了漫长的150多年，才有了现代意义下的极限概念。数学史上出现了先应用再寻找理论基础的"尴尬"局面。极限概念的难于理解，由此可见一斑。

正因为如此，魏尔斯特拉斯给出极限的严格定义后，主流数学家们总算是"长出一口气"，从此以后，数学界以引入此严格极限定义"为荣"——总算可以理直气壮、毫无瑕疵地叙述极限概念了。我们注意到，极限概念的严格化进程中，以摒弃几何直观、运动背景为主要标志，是经过漫长的100多年的努力才寻找到的方法。但教学经验表明，一开始就讲严格的 $\varepsilon\text{-}\delta$ 极限概念，往往置学生于迷雾之中，然后再讲用 $\varepsilon\text{-}\delta$ 语言证明函数的极限，基本上就将学生引入不知极限为何物的状况中。这种教学过程是一种不正常的情况，有些矫枉过正，在重视定义严格的前提下，拒学生于千里之外。

笔者认为，在极限概念的教学过程中，首先应该还原数学史上极限概念的发展过程，重视几何直观和运动的观念，先让学生对极限概念有一个良好的"第一印象"。笔者认为，为获得一个具有"亲和力"而不是"拒人于千里之外"的极限概念，甚至可以暂时不惜以牺牲概念的严格化为代价，用不大确切的语言将极限思想描述出来。

同时，由于学时缩减，能安排给极限概念的教学时间有限。只要触及极限的严格化定义——$\varepsilon\text{-}\delta$，学生就必然会有或多或少的迷惑和问题。我们认为在教学过程中，教师应该告诉学生"接纳"自己对极限概念的"不甚理解""理解不清"状态。如牛顿、莱布尼茨等伟大的数学家都有此"软肋"，并因此遭受了长达近一二百年之久的微积分反对派的尖锐批判。我们即便"犯下"一些错误，也是正常的，甚至也是几百年前某个如牛顿、莱布尼茨这样的伟大学者曾经"犯下"的错误。所以教师应引导学生不能妄自菲薄，要改变高中学习数学为应付高考的模式，不再务求"点点精通"，而是将学习重点放到微积分系统的建立上，消除高中数学学习模式的错误思维定式的影响。

用几何加运动的方式，即点函数的观念描述的极限概念，直观、趣味性较强，同时可以很方便地推广到下册多元函数极限的概念，为下册微积分推广到多元函数埋下伏笔。多年来的教学经验表明，让学生对数学有自信、有兴趣，可以帮助学生学好数学。

（四）极限的概念对人生的启示

哲理都是相通的，数学的极限概念中也蕴含着深刻的哲理。它告诉我们，不要小看一点点改变，只要坚持，终会有巨大收获！学完极限的概念，我们至少要教会学生明白一件事，就是做事一定要坚持，每天我们能前进很小很小的一步，最终会有很多收获。这是学极限概念收获的最高境界，也是作为一名教师教书育人的最高境界。

四、运用现代教育技术

（一）现代教育技术的内涵

现代教育技术指运用现代教育思想、理论，现代信息技术和系统方法，通过对教与学的过程和教与学资源的设计、开发、利用、评价及管理来促进教育效果优化的理论和实践。具体而言，现代教育思想包括现代教育观、现代学习观和现代人才观几个部分的内容；现代教育理论则包括现代学习理论、现代教学理论和现代传播理论。现代信息技术主要指在多媒体计算机和网络（含其他教学媒体）环境下，对信息进行获取、储存、加工、创新的全过程，其包括对计算机和网络环境的操作技术和计算机、网络在教育及教学中的应用方法两部分；系统方法是指系统科学与教育、教学的整合，它的代表是教学设计的理论和方法。

由上述内容可知，现代教育技术包含两大模块：一是现代教育思想和理论；二是现代信息技术和系统方法。现代教育技术区别于传统教育技术，前者是利用现代自然科学、工程技术和现代社会科学的理论与成就开发和研究与教育教学相关的、以提高教育教学质量和教育数学成果为目的的技术。它是当代教师所应掌握的技术，涵盖了教育思想、教育教学方式方法、教育教学手段形式、教育教学环境的管理和安排、教育教学的创新与改革等方面的内容。同时，它主要探讨怎样利用各种学习资源获得最大的教育教学效果，研究如何把新科技成果转化为教育技术。综上，现代教育技术就是以现代教育理论和方法为基础，以系统论的观点为指导，以现代信息技术为手段，通过对教学过程和教学资源的设计、开发、使用、评价和管理等方面的工作，实现教学效果最优化的理论和实践。

（二）现代教育技术在高等数学教学中的作用

基于上述对现代教育特点、高等数学教学现状及所面临挑战的分析与介绍，笔者认为现代教育技术对高等数学教学的作用主要体现在如下几个方面。

1. 运用现代教育技术可以提高教学内容的呈现速度和质量

高等数学具有自己特殊的学科表达方式：一是采用符号语言，表达简洁、准确；二是采用几何语言，表达形象、直观。由于高等数学具有这样的特点，所以在高等数学的教学过程中无法单纯对文字语言进行信息完整和准确的传授，这也就决定了高等数学课堂教学的特点是必须呈现大量的板书，包括大量的书写和大量的画图。例如，概念和定理完整的表达、定理的证明等都需要大量的书写；在解析几何中，知识的讲解一般伴随着大量的画图。由于这些书写和画图的过程都需要教师现场完成，所以课堂大量有效的时间均花费在了这些操作上，并且很多时候"现场制作"效果不佳，严重影响了教学效果。此时就可以发挥现代教育技术的教学优势，教师只需在备课时做好课件，课堂上直接进行演示即可。相比之下，后者不仅节省了大量的时间，还可以使学生更清楚地观察教学过程，教学效果得到极大的提高。

2. 运用现代教育技术可以动态地表达教学思想

高等数学主要研究"变量"，因此高等数学思想中充满了动态的过程。例如，讲解"极限"的过程需要把"无限趋近"的思想表达出来，而"无限趋近"仅靠语言表达很难清楚地呈现。这些概念的表达，都是动态的过程，需要用"动画"来表示，传统教学模式难以表示此动态过程，往往只能告诉学生"是这样"或者"是那样"，因此很多学生对这些动态的过程理解不透彻，甚至出现理解错误，严重影响了学习的效果。此时教师便可借助多媒体或者数学软件等现代信息技术手段，把这些过程制作成动画，动态地呈现这些内容，使抽象的理论变得生动、直观和自然，学生的感受更直观，因此，学习效果得以提升。

3. 运用现代教育技术可以更快、更及时地解决学生的提问

在高等数学的学习过程中，每个人都不可避免地会有很多疑问，在传统教学模式下，这些问题一般由教师在课堂上解决，或者通过学生之间互相讨论来解决。这种疑问解答方式反馈的及时性和便捷性都较差，很大程度上影响了学生的学习积极性。现代教育技术为解决此类问题提供了一个新思路，虽然受到客观条

件的限制，现代院校不可能在每一间教室都提供电脑及联网等条件，但是在图书馆、信息技术中心及寝室等地方则可以满足这些条件。学生就可以把学习中所碰到的难题和困惑及时发到网上，与其他同学和教师交流，这样不仅有利于及时解决问题，还可以调动学生学习的兴趣，激发学习热情，提高学习效果。

4. 运用现代教育技术可以更好地进行习题课教学

数学知识需要大量的练习才能被充分消化吸收，高等数学也是如此。但是，根据多年的教学实践，笔者发现传统教育方式下的习题课教学效果较差，这是因为传统的教育方式只可能考虑到一部分学生的接受能力，无法顾及所有学生的需求。然而，教师在高等数学教学中可以适当地使用现代教育技术来解决这一难题，即教师在设置有局域网的教室开展课堂活动，每个学生便可以在习题课评价系统中根据自己的实际情况进行个性化练习，对自己的学习情况进行自我评价，不懂的地方可以及时反馈，并可以与教师及同学一起讨论。这使得学生增强了学习的主动性及积极性，思想也更为活跃，有利于培养学生的创新能力，并有利于提高高等数学的教学效果。

五、CAI 教学与高等数学的平台

（一）CAI 教学进入高等数学课堂

"计算机辅助教学"是 CAI(computer aided instruction)的汉语翻译，从目前我国的实践情况来看，CAI 实践活动的覆盖范围远远小于英语中"计算机辅助教学"的应用范围，随着现代教育技术的不断发展，这一领域定义的外延和内涵还在不断发生着深刻的变化。教师如果想要克服传统教学方法上机械、刻板的缺点，就可以综合运用多媒体元素、人工智能等技术。它的使用能有效地提高学生的学习质量和教师教育教学的效率。

（二）CAI 教学面对学生可以因材施教

为切实提高教学效率和教学质量，发挥学与教中教师主导和学生主体的作用，高等数学的任课教师可以研究制作高等数学课教学课件，边实践边修改，在多个班进行教学试点验证，此举使得授课内容更为丰富。通过穿插彩色图片、曲线等，使得整个授课过程中抽象乏味的数学公式由枯燥变得有趣，由单一变得活泼，起到了积极的作用。我们还可以保留板书教学的优势，这样有利于给学生强调知识重点，帮助学生融会贯通。

（三）CAI 教学将高等数学化繁为简

高等数学具有抽象性强和应用广泛的特点，教师通过多媒体的手段更为直观地传递给学习者，让学习者自发探索新的规律，化烦琐的新知识为简明易懂的旧内容。例如，空间解析几何内容涉及很多空间知识的学习，仅仅让教师在黑板上绘制平面图形，学生是很难掌握的，而用 flash 的方式来模拟立体图形和复杂函数图形的生成，可以实现从点到线、到面最后生成空间图形的全过程。

（四）CAI 教学能够突破重难点

教师在高等数学教学中，经常会遇到知识点，往往不能被一带而过，但是一些学生难以理解的知识点，我们可以通过 CAI 教学方式传递给学生，化难为易，让静止的问题动态化，让抽象的道理具体化。

（五）CAI 教学能够帮助教师转变教学观念

墨守成规的教师，不仅会导致自己的知识很快陈旧落伍，自身也会被时代所淘汰。高等数学教师，在重视师生之间的情感交流的基础上，更要学习现代教育技术知识，具备持续发展的意识，体谅学习成绩不理想的学生，增强学生学习高等数学的信心，激发学生的求知欲，以良好的心态和饱满的热情，鼓励学生积极参与"交流—互动"教学活动。

六、运用现代教育技术应注意的问题

虽然运用现代教育技术优化高等数学教学，有着传统教学模式无法比拟的优势，但是我们在进行现代信息技术与高等数学整合时，应该注意如下三个问题。

（一）处理好现代信息技术与传统技术的关系

手工技术时代，以粉笔、黑板、挂图及教具为代表的传统媒体是教师教学的基本手段；机电技术时代，幻灯、投影、广播及电视等视听媒体技术成为教师教学的有力助手；信息技术时代，以多媒体计算机为核心的信息化教育技术成为师生交流及共同发展的重要工具。虽然黑板、粉笔、挂图、模型等传统教育工具以及录音机、幻灯机、放映机等传统电化教育手段存在一定的局限性，但是它们在教学中仍旧具有独特的生命力。

（二）现代信息技术的本质仍是工具

世界各国都在研究如何充分利用信息技术提高教学质量和效益，现代信息技术的教学应用已成为各国教学改革的重要方向。但是，现代信息技术毕竟只是手段和工具，只有充分认识到这一点，才能一方面防止技术至上主义，另一方面避免技术无用论。此外，注重现代教育技术的使用，也不要忽略对学生的人文关怀，即对学生心理、生理及情感的关怀等。

（三）促进信息技术与学科课程的整合

若想充分发挥信息技术的优势，为学生提供丰富多彩的教育环境和有力的学习工具，必须促进信息技术与学科课程的整合，逐步实现教学内容的呈现方式、学生的学习方式、教师的教学方式和师生互动方式的变革，大力促进信息技术在教育教学中的普遍应用。

总之，在高等数学教学过程中，有机整合现代教育技术和传统教育模式的优点，将会更好地提高教学效果及教学质量，也更有利于创新人才的培养。基于研究和实践，笔者深切地感受到：利用现代教育技术改善高等数学课程教学，并借此努力培养学生的数学素质，提高学生应用所学数学知识分析问题和解决问题的能力，激发学生的学习兴趣及稳步提高教学质量等，将是高等数学教学改革的方向和目标，同时这也必将是一个循序渐进的过程。利用信息技术有助于高等数学的多层次展示，并有利于呈现多种模式的教学，这使高等数学课程的教学出现了生动活泼的局面，同时也带来了一系列的新问题。当前，在稳定提高高等数学教学质量以及深化教学改革方面还有许多问题需要解决，希望一线教师在不断探索和实践的基础上制定出比较完整和完善的规划。通过一线教师对信息技术与高等数学教学课程整合进行不断的努力和探索，一定能够优化高等数学教学。

七、设计好高等数学课堂问题

高等数学已成为许多高校非数学专业的基础必修课，它一方面为学生的后续课程的学习做好铺垫，另一方面对学生科学思维的培养和形成具有重要意义。

为了保证教师以更好的教学质量完成教学工作，下面对怎样设计高数课问题进行了详细的分析。

（一）铺垫性问题的设计

这是一种常用的方式，在讲新知识前，先提问有联系的旧知识。例如，讲定积分的换元积分法、分部积分法时，可提问不定积分的换元积分法与分部积分法公式，再结合牛顿-莱布尼茨公式，最后得到定积分的换元积分法、分部积分法公式。又如在解"求区间上一元函数的最值"这类问题时，提问有关函数的单调性和极值的问题。当提出"求区间上的函数最值能否像求函数的极值那样去求"时，就使学生紧紧围绕"求区间上函数的最值"问题而积极思考，在教师借助函数图像得出关于"求区间上函数的最大值与最小值"问题的几种情况后，在此基础上让学生自己编题，自己讲解，提示同学总结出"关于求区间上函数的最大值与最小值"问题的规律，这样不仅可以培养学生数形结合的数学思想，同时也提高了学生分析问题、解决问题的数学思维能力。

（二）迁移性问题设计

学习迁移，是指一种知识学习经验对另一种知识学习的影响。不少数学知识在形式、内容上有类似之处，对于这种情况，教师可以在提问旧知识的基础上，有意设置问题，将学生已经掌握的知识和方法迁移到新的知识结构中去讲。如讲轨迹方程的概念，即空间曲面方程和空间曲线方程的概念时，可以先提问平面曲线方程的概念，接着再讲"在二维向量空间推广为三维向量空间后，平面曲线方程的概念也就类似地推广为空间曲面或空间曲线方程"，之后再讲曲面、曲线方程的定义，这样学生比较容易将已获得的知识或方法迁移到未知的知识学习中去。

（三）矛盾式问题设计

矛盾式问题设计是从问题之间产生矛盾，让学生生疑，从而使学生产生强烈的探索动机，并且通过判断推理获得独特的识别能力，强化思维的深刻性。

（四）趣味性问题设计

数学课不可避免地存在枯燥无趣的内容，这就要求教师有意识地提出问题，创造轻松、愉快的情境，以激发学生的兴趣，从而使学生带着浓厚的兴趣去积极地思考。

（五）辐射性问题设计

辐射性问题是指以某一知识点为中心，引导学生多角度、多途径思考问题，纵横联想所学知识，沟通不同部分的知识和方法，对提高学生的思维能力和探索能力大有好处。这种提问难度较大，必须考虑学生的接受能力。在讲完一个例题后启发学生一题多解或进行题目的引申性提问等都属于这种类型。例如，求半径为 a 的圆的周长这类问题，可先利用直角坐标的曲线弧长公式来求，然后也可继续用参数方程形式的曲线弧长公式求解，最后用极坐标的曲线方程形式的弧长公式来求解。

（六）反向式问题设计

反向式问题设计就是考虑问题的反面情况或意义，或者把原命题做逆命题的转化，这样有利于探索结果。例如，在讲空间解析几何曲面方程的定义时设置这样一个问题："在空间解析几何中，任何曲面或曲线都可看作是满足一定几何条件的点的轨迹，用方程或方程组来表示，从而得到曲面方程或曲线方程的概念。现在有一圆柱面，它可被视为平行 z 轴的直线沿着 xOy 平面上的圆 $C: x^2 + y^2$

$=a^2$ 平动而成的图形，试求该圆柱面的方程。"

分析：在圆柱面上任取一点 $P(x, y, z)$，无论在什么位置，它的坐标都满足方程 $x^2+y^2=a^2$，相反地，满足方程的点也都在圆柱面上。可设置问题：如果已知圆柱面的方程为 $x^2+y^2=a^2$，那么圆柱面上的点的坐标是否都满足方程？相反地，满足方程的点是否也都在圆柱面上？这样采用互逆式的提问，学生会进一步明确曲面与它的方程之间的联系，从而解决了曲面方程和曲线方程的定义不容易理解的难题。

（七）阶梯式问题设计

阶梯式问题设计是运用学生已知的知识，沿着教师设计好的"阶梯"拾级而上，这样既符合学生的认知心理，又能有效地引导学生的思维向纵深发展。例如，讨论所有的初等函数在其定义域内的区间上皆连续这个问题时，可设置如下问题："由一元函数极限的四则运算法则及连续性定义能否得到连续函数的四则运算法则？由一元函数的复合函数极限法则及连续性定义能否得到复合函数的连续性法则？一切初等函数是否都是由五种基本初等函数经过有限次四则运算及复合得到的？那么一切初等函数在其定义域内是否皆连续？"这样从特殊到一般提出问题，一步一步引导学生思考问题，最终解决问题。

（八）变题式问题的设计

变题式问题的设计是将既有问题进行改造，将题目精髓渗透到题目中去，这样可以使学生在思路上突破原有思维模式，转换思考方向，从而透过现象揭示本质。这样通过问题的转换，可以开拓新的探索方向，培养学生的创新思维能力。

总之，教师要精心设计课堂上的教学问题，而常见的"对不对""是不是"等简单问法不可取，应多层次、多方位、多角度地提出问题，激发学生的求知欲、竞争欲，进而提高学生分析、综合、逻辑推理的思维能力。

八、以培养数学意识为目标的高等数学课堂教学设计

数学意识就是用数学的思维方式去考虑问题、处理问题的自觉意识和思维习惯。在处理问题过程中的整体意识、推理意识、抽象意识、化归意识与应用意识等是不可分割的整体，只有各种意识同时作用，才能体现出完整的数学意识。数学意识是联系数学知识与数学能力的桥梁，对培养学生的精神品格具有潜移默化的作用。

教育的宗旨在于优化人的知识结构，提升人的精神品格。知识爆炸的时代，一个人掌握一门学科的所有的知识是绝对不可能的。数学知识的形成蕴含着数学

家思考数学问题的活的灵魂，数学意识是其中极其重要的一项。学生在学习数学知识的同时，通过渗透数学意识来达到目的，即促成学生精神品格的发展，从最高层次上体现数学教学对他们素质提高的巨大功能。因此，现代数学教育的目标除了获取数学知识和发展数学能力之外，还应该具有渗透数学意识和提升精神品格的作用。也就是说教师要以培养学生的数学意识为宗旨展开教学的设计，合理设置教学问题情境，使渗透数学意识的教学达到"滴水藏海"与"一叶知秋"的效果。

教学设计就是通过教师的努力将数学材料、学生、教师本人施教所能提供的环境这三者构成一个结构系统的过程。教师要将高等数学知识及其所隐含的要素转变为学生的精神财富，以此培养学生的数学意识。高等数学教学是由一个又一个问题的教学构成的，但不是把这些问题的教学进行简单罗列，而是按照数学教学的结构性与过程性原则有组织地教学，否则高等数学的教学不可能取得成功。教师首先要对课程有宏观与微观的深入理解，然后依据高等数学知识的抽象性等特征以及学生的数学知识储备和心理适应性情况做出宏观（知识模块或整章）和微观（一课时或一个知识点）的教学设计。高等数学教学不是让学生对知识进行简单的积累，而是促进学生数学知识结构的优化，进而带动学生认知结构的优化与升级，是一个整体、有序的过程。

教学目标是凝固人心的力量、导引人们前进的旗帜，合理设计教学目标对于达成高等数学教学目的至关重要。教学目标的设计应是具体的、可观察的、可测量的，应该是以学生为考核对象的预期能达到的学习结果和标准。教学目标以"记忆因素""理解因素"和"探究因素"为主要标志分为三个层次，同时兼顾知识的全面性和开放性。制定教学目标的水平是衡量教师专业化水平的重要标志，课堂教学承载的目标太重，教学目标"高大全"，这样会使得教学目标形同虚设。制定合理的教学目标后，教师要根据课堂教学效果和学生的反应，创造条件引导学生向着既定目标前进。

优化的教学过程是完成教学目标的关键。高等数学书籍上所呈现的知识点是经过历代数学家压缩的抽象的知识，只提供给学生一种知识发生的逻辑过程，而凝结于数学知识之上的数学意识机能进行的一系列活动过程却被隐藏起来，通过书籍很难呈现，学生不容易亲身经历知识发生过程，知识自身也不能明确地向学生说明。学生必须像数学家一样进行各种各样的活动，才能将外在的数学材料组织成含有结构性的数学知识。在这种活动过程中学生的精神资质得到滋养，意识结构得到历练，形成了数学意识，使高等数学教育的高层次目标得以实现。因此，教师要根据课堂教学的教学内容合理地设计课堂教学结构，恰当选择以问题为导向、开放式、情境式的建构主义教学模式，灵活运用还原、展开、重演、再现等一系列教学方法，借助计算机、多媒体设备的强大功能将高等数学知识根据学生的认知程度有层次地打开，暴露高等数学知识发生时意识机能活动的全部过程，展现凝结在数学知识中的数学意识和精神力量。再由教师从获得的众多的知识发生途径与线索材料中比较、辨别、做出选择，将这种充分展开的过程进行压缩，生成书籍中用数学语言描述的知识点。这样的教学过程的设计不仅使学生学习到了高等数学知识，又渗透了数学意识，真正发挥了高等数学课程的教育价值，达到了高等数学培养学生数学意识的教学目标，实现了高效的高等数学课堂教学。但是教学设计一定要把握宏观过程与微观过程的平衡、逻辑过程与心理过程的平衡、教师给予与学生创造的平衡。

评价体系是对课堂教学质量的检验，也是对学生学习的督促，最终目的是激发学生的主观意识能动性，将数学意识自主发挥在创新意识的结构中。教师要根据教学目标和教学内容设定课堂教学的评价方法，对于高等数学课程来说，布置教师精心准备的相当数量且较难的数学题不但可以加深学生对知识点的理解和记忆，而且在他们一步一步解决问题的过程中，数学意识不知不觉地逐步建立起来。正像严士健先生所证实的：很多后来在学术上有成就的科学家得益于早期做了相当数量且较难的数学题。但评价不能只以题目的对错的客观结果来打分，必须考虑学生处理问题所用到的数学方法。

总之，在进行高等数学的课堂教学设计时，教师要从宏观和微观上统筹数学材料，了解学生的知识储备和心理适应性，制定教学目标，优化教学过程，制定合理的考核办法，通过高等数学知识教学，帮助学生学会运用这些知识，并从知识的运用中获得新观念，积累新经验，从而培养他们的数学意识。

九、提高高等数学课堂教学质量应注意的问题

课堂教学是教学工作的基本形式，是提高教学质量的关键环节，如何能够提高高等数学课堂教学质量，涉及很多方面的因素，下面具体展开论述。

要合理制定教学目标，一堂课的成功与否首先是看这堂课的教学目标是否合适。其次是为达到目标所选择的教学内容、教学措施是否得当。最后看整体的教学目的是否达到，以及达到的程度如何。

目前的高等教育是大众教育，授课时既要兼顾大多数学生的利益，同时又不能忽视少部分能力强、有考研需求的学生，所以高等数学教学目标要以教学大纲

为主、考研大纲为辅来综合制定。

另外，每节课教学目标的制定还与授课时长有关，比如讲极限概念一节时，学生们刚从高中进入大学，一下子接触极限这种抽象的概念需要有一个过程，正确理解、正确运用就可以了，至于深刻理解、熟练运用需要以后慢慢完成。

教学目标的制定还与学生的专业情况相关。比如经济管理学院的学生大部分是文科生，所以在制定教学目标时难度要适当降低，并需要根据其专业特点适当补充部分内容，比如需求函数、成本函数、价格弹性、边际成本等概念，为以后学习专业知识奠定基础。

除此之外，教学目标的制定还与所讲的知识在书籍中所处的地位有关。比如函数导数这一节在整本书中占据着至关重要的地位，因为后面所涉及的积分和微分方程等知识都是以导数概念为基础的，因此从在整本书中所占的地位来看，也要求学生熟练掌握导数概念及其相关法则公式。

总之，高等数学教学目标的制定是基于教学大纲、授课时长、学生情况、知识在书籍中的地位等几方面来展开的，只有遵循上述几点才能制定出合适的教学目标。

第六章　高等数学教学模式研究

第一节　任务驱动教学模式的运用

一、任务驱动教学模式的基本含义

任务驱动教学法是利用建构主义学习理论来进行教学的一种方法，不同于传统的直接口传相授的方法。它主要强调学生的自主学习和合作式学习。学生为探索某种问题，通过积极主动地利用学习资源，进行自主研究和互动协作学习，从而既解决问题又达到掌握知识的目的，而教师的作用是进行指导和引导学生。在这种以解决问题、完成任务为主的教学过程中，学生处于积极的学习状态，每一位学生都能根据自己对问题的理解，运用已有的知识和自己的经验提出解决问题的方案。在这个过程中，学生还会不断地获得成就感，可以更大地激发他们的求知欲望，逐步形成一个感知心智活动的良性循环，从而培养出独立探索、勇于开拓进取的自学能力。

在任务驱动教学法展开的过程中，首先授课老师要根据当前的教学内容和教目标，依据学生已掌握的知识和具备的思维能力，提出一系列的任务。其次，在学生探讨问题的过程中，老师提供解决问题的线索，如需要搜集的资料怎么和前面的知识相联系。再次，倡导学生进行讨论和交流，并补充、修正和加深每个学生对当前问题的解决方法。最后，检验学生的学习效果，主要包括两部分内容，一方面是对学是否完成当前问题的解决方案的过程和结果的评价，而另一方面是对学生自主学习及协作学习能力的评价。

二、任务驱动教学法的应用

（一）任务的设计

任务的设计是任务驱动教学法的最重要的环节，他直接决定了一节课的质量、学生是否进行自主学习和是否能够完成该节课的教学目标。老师在设定任务的时候应当根据学生当前的知识水平，设定合理的、能激发学生的学习兴趣的任务。

高等数学是一门公共基础课，要求老师设定任务的时候考虑到不同的专业的特点，结合该专业的数学水平，提出不同层次的、由简单到复杂的小任务，能够把学生需要学习的数学知识、技能隐含在要完成的任务中，通过对任务一步步地完成来实现对当前数学知识和技能的理解和掌握，从而培养学生动手操作、积极探索的能力。

学生对任务的完成分为两种形式：一种是按照原有的知识和老师的指导一步步地完成任务，这种形式比较适合学生对教学内容的一般掌握；另一种是学生除了完成老师要求的任务，还能自由发挥地提出自己的一些建设性的意见，这种形式比较适合学生对教学内容的拓展掌握。例如高等数学中在学习"导数的概念"时，老师可以利用现实生活中汽车刹车的实例，来提出如何计算汽车在刹车的一段时间内，某一时刻的速度怎么计算？这样很接近现实生活，学生很容易接受任务并很乐意去完成。具体怎么来求出瞬时速度呢？老师引导学生考虑平均速度和瞬时速度的区别和联系，学生很自然计算出某一时刻的瞬时速度，并能够很好地掌握导数的概念和公式，从而达到了我们的教学目的。

（二）任务的完成和分析

一般在教师给出任务以后，留有时间让学生自由讨论和自主地搜集学习资料，探讨完成该任务存在什么问题，该如何解决这些问题。能够找到完成该任务所用到的知识点没有学过，这就是完成该任务所要解决的问题。

找到所要解决的问题，在分析该问题时，老师不要直接给出解决问题的方法，而是引导学生，利用已有的知识，利用所需的信息资料，尽量以学生为主体，并给予适当的指导来补充、修正和加深每个学生对问题的认识和知识的掌握。

仍以"导数的概念"为例，当需求某一时刻的瞬时速度时，首先提出一个任务——求速度的公式，引导学生思考能不能利用该公式求出瞬时速度，如果不能，再提出下一个任务——能不能用平均速度来代替瞬时速度，如果可以的话，需要什么样的条件？当学生能够解决以上问题的时候，继续更有难度的任务——如何将平均速度与瞬时速度联系？引导学生学会利用已有的极限的知识，从而顺利地掌握导数的概念。

在此过程中，老师要充分发挥学生的主观能动性，让学生能够主动独立思考、自主探索，并能够自主总结知识点，这样对培养学生的分析解决问题的能力有很大的帮助。同样也使学生学会了表达自己的见解，聆听别人的意见，吸收别人的长处，并能够和他人团结合作。

老师在此过程中也要时刻注意学生探讨的深度和进度，掌握好课堂的教学进度，并采用适当的措施使每个学生都能够参与到讨论的活动中。

（三）效果的评价

当学生完成任务以后，需要老师对结果做出总结性的评价，主要分为两方面的评价：其一是对学生完成任务后的结论的评价，通过评价学生是否完成了对已有知识的应用，对新知识的理解、掌握和应用，达到本节课的教学目的；其二是针对学生在处理任务时考虑问题的思维扩散和创造能力、和其他同学合作协作的能力，以及对自己见解的表达能力，老师应适当地评价，激发学生的学习兴趣，让学生保持一种良好的学习劲头。

在进行教学评价的过程中，老师也可以引导学生进行自我评价，使得学生对自己在完成任务的过程中出现的问题和没有考虑到的细节进行总结，能够传承长处，改进失误，从而形成一种良性循环。

对教学效果的评价是达成学习目标的主要手段，教师如何利用此达到教学目标，学生如何利用它来完成学习任务从而达成学习目标，都是相当重要的。因此，评价标准的设计以及如何操作实施都是值得关注的。

三、任务驱动法在高等数学教学中的案例分析

（一）任务驱动法基本环节

创设情境—确定任务—自主学习（协作学习）—效果评价等四个基本环节。

（二）高等数学教学在任务驱动法中的案例分析

以高等数学数列极限这一节教学为例剖析任务驱动法的各环节。

（1）任务驱动法第一环节是创设情境：情境陶冶模式的理论依据是人的有意识心理活动与无意识的心理活动、理智与情感活动在认知中的统一。教师创设情境使学生学习的数学知识在与现实一致或相似的情境中发生。学生带着"任务"进入学习情境，将抽象的数学知识建立数学模型，使学生对新的数学知识产生形象直观的概念。

在数列极限这一节的教学中教师设置以下教学情境。

情境1：极限理论产生及发展史（PPT）。

情境2：展示我国古代数列极限成果（电脑软件制作图形演示）。我国古代数

学家刘徽计算圆周率采用的"割圆术"，结论"割之弥细，所失之弥少，割之又割，以至于不可再割，则与圆周合体而无所失矣。"[①]

情境3：权限与微积分的思想(PPT)。微积分是一种数学思想，"无限细分"就是微分，"无限求和"就是积分。无限就是极限，权限的思想是微积分的基础，它是用一种运动的思想看待问题的。

直观、形象的教学情境能激发学生的联想，唤起学生认知结构中相关的知识、经验及表象，让学生利用有关知识与经验对新知识进行认识和联想，从而使学生获得新知识，发展学生的能力。

(2)任务驱动法第二环节是确定任务：任务驱动法中的"任务"即是课堂教学目标。任何教学模式都有教学目标，目标处于核心地位，它对构成教学模式的诸多因素起着制约作用，它决定着教学模式的运行程序和师生在教学活动中的组合关系，也是教学评价的标准和尺度。所以任务的提出是教学的核心部分，是教师"主导"作用的重要体现。

如数列极限教学课中，根据创设的情境及以上案例确定任务：

①极限理论产生于几世纪？创始人是谁？它对微积分的主要贡献是什么？

②关于"万世不竭""割圆术"演示等说法体现了什么数学思想？"割圆术"中，无限逼近于什么图形面积？结合课本思考数列极限的定义的内涵？

③无限与极限之间的关系？什么叫微积分？极限与微积分的关系？

④知识建构：A. 数列权限无限趋近与无限逼近意义是否相同？B. 函数极限形象化定义如何？它与数列极限的区别与联系？C. 用图形说明函数值与函数极限的关系。

教师在提出问题(任务)时一定要结合学生认知和高校学生心理特点，教师的问题应简明扼要，通俗易懂。问题一定要让学生心领神会，能进入学生课堂，体现学生主体地位。

(3)任务驱动法第三环节是自主学习、协作学习：问题提出后，学生观看问题情境，积极思考问题。一是真正从情境中得到启发，课堂上由学生独立完成，如以上任务①、②；二是需要教师向学生提供解决该问题的有关线索，如需要搜集资料、相关知识、图片、如何获取相关的信息等，强调发展学生的"自主学习"能力，而不是给出答案，如以上任务②。对于任务④则需要学生之间的讨论和交流合作，教师补充、修正、拓展学生对当前问题的解决方案，也是本节课的新知

① 王顺凤，吴亚娟，孟祥瑞，孙艾明．高等数学[M]．南京：东南大学出版社，2017.295.

构建。

（4）任务驱动法第四环节的效果评价：对学习效果的评价主要包括两部分内容，一方面是对学生当前任务评价即所学知识的意义建构的评价，如本案例中，通过数列极限直观和形象化情境，激发学生联想，唤起学生认知结构。在计算圆周率直观和形象化率无限"割圆术"化圆为方的"直曲转化，无限逼近"的极限思想教学时，借助多媒体展示无限分割过程，最终趋近于常数，体会极限的思想方法。另一方面是对学生自主学习及协作学习能力的评价。如微积分与极限的关系则是一下阶段学习的内容，需要学生去探索，这一过程可以让学生互评，也可以是老师点评，或师生共同完善和探索，得出结论。

通过对本案例的分析可知，"任务驱动法"是"教师—任务—学生"三者融为一体的教学法，是双边"互动"的教学原则，"教与学"双方形成合力，而不是以"教"定"学"的被动的教学模式。

四、任务驱动教学法应用的注意事项

（一）任务提出应循序渐进

任务的设计是任务驱动教学法成败的关键所在。老师在提出任务的时候，要注意任务的难易程度，由易到难，将任务细化，通过小任务的完成来实现整体的教学目标。在任务的设计上不能千篇一律，要考虑不同专业的学生的个性差异，设计适合学生的身心发展的分层次任务。

（二）任务设计应具研究性

任务是需要学生进行自主学习和建构性学习来完成的，因此，要求每个阶段的任务的设计不能直接照搬课本，而是能够展示知识之间的联系和知识具有实际意义下的研究探索性。通过任务的完成，使得学生能够体会到知识的连通性，意识到所学的知识起到承前启后的作用。

（三）方法实施期间注重人文意识

高等数学既含有丰富的科学性，又蕴含着深厚的人文知识。因此，在方式的实施过程中，要求教学形式情景化和人文化。任务设计的过程不仅要求学生能够掌握一定的科学文化知识，还需要对学生的思维方式、道德情感、人格塑造和价值取向等方面都能产生积极的影响。

第二节 分层次教学模式的运用

一、分层次教学的内涵

（一）含义

分层次教学是依据素质教育的要求，面向全体学生，承认学生差异，改变大一统的教学模式，因材施教，培养多规格、多层次的人才而采取的必要措施。分层次教学模式的目的是使每个学生都能得到激励，尊重个性，发挥特长，是在班级授课制下按学生实际学习水平和能力施教的一种重要手段。

我们承认学生之间是有差异的，但这种差异往往又不是显而易见的，对学生属于哪一种层次应持一种动态的观点。学生可以根据考试和整个学习情况做出新的选择。虽然每个层次的教学标准不同，但都要固守一个原则，即要把激励、唤醒、鼓舞学生的主体意识贯穿到整个数学过程的始终，特别是对较低层次的学生，需要教师倾注更多的情感。

（二）理论基础

第一，分层次教学源于孔子的"因材施教"思想。在国外，也有差异教学，将学生的个别差异视为教学的组成要素，教学从学生不同的基础、兴趣和学习风格出发来设计差异化的教学内容、过程和成果，促进所有学生在原有水平上得到应有的发展。分层次教学正是基于这种思想，在现有数学软、硬件资源严重不足的情况下，对现代教育理念下学分制的完善和补充。

第二，心理学表明，人的认识总是由浅入深、由表及里、由具体到抽象、由简单到复杂的。分层次教学中的层次设计，就是为了适应学生认知水平的差异。根据人的认知规律，把学生的认知活动划分为不同阶段，在不同阶段完成适应认知水平的教学任务，通过逐步递进，使学生在较高的层次上把握所学的知识。

第三，教育学理论表明，由于学生基础知识状况、兴趣爱好、智力水平、潜在能力、学习动机、学习方法等存在差异，接受教学信息的情况也有所不同，所以教师必须从实际出发，因材施教、循序渐进，才能使不同层次的学生都能在原有的程度上学有所得、逐步提高。

第四，人的全面发展理论和主题教育思想都为分层次教学奠定了基础。随着学生自主意识和参与意识的增强，随着现代教育越来越强调"以人为本"的价值取向，学生的兴趣爱好和价值追求，在很大程度上左右着人才培养的过程，影响着教育教学的质量。

(三)特点

美国教育家、心理学家布鲁姆在掌握学习理论中指出："许多学生在学习中未能取得优异成绩，主要原因不是学生智慧能力欠缺，而是由于未能得到适当教学条件和合理的帮助造成的"。[①] 分层次教学，就是在原有的师资力量和学生水平的条件下，通过对学生的客观分析，对他们进行同级编组后实施分层教学、分层练习、分层辅导、分层评价、分层矫正，并结合自己的客观实际，协调教学目标和教学要求，使每个学生都能找到适合自己的培养模式，同时调动学生学习过程中的异变因素，使教学要求与学生的学习过程相互适应，促使各层学生都能在原有的基础上有所提高，达到分层发展的目的，满足人人都想获得成功的心理需求。因此，分层次教学一个最大的特点就是能针对不同层次的学生，最大限度地为他们提供这种"学习条件"和"必要的全新的学习机会"。

二、分层次教学的意义

分层次教学起源于美国。分层次教学就是针对不同学生的不同学习能力和水平进行教学。它符合以人为本素质教育的发展方向，以因材施教为原则，以分类教学目标为评价依据，使不同学生都能充分挖掘自身潜力，从而达到全面提升学生素质，提高教学质量的目的。20 世纪 80 年代以来，中国也开始加以借鉴，在小学到大学的全部教育阶段尝试运用分层次教学方法。

(一)有利于提高学习兴趣

实施分层次教学的方法，对非理工类专业的学生降低教学难度，让他们学会高等数学的一些基础知识，发现学习数学的趣味所在；对于理工类等专业的学生，加深高等数学的学习难度，可以避免他们由于感到学习内容过于简单而丧失学习积极性的弊端。各个层次的学生都能够更加认真地学习高等数学，发现学习的乐趣，提高学习水平和学习兴趣。

(二)有利于实现因材施教

教师可以根据不同层次学生的数学基础和学习能力，设计不同的教学目标、要求和方法，让不同层次的学生都能有所收获，提高高等数学的教学、学习效率。教师在课前能够针对同一层次学生的情况，做好充分的准备，有针对性、目

[①]　张健. 初中数学分层教学中的实践与应用策略[J]. 家长，2022(21)：22-24.

标明确，这就极大地提升了课堂教学的效率。

（三）有助于提高教学质量

学生水平参差不齐，教学中难免造成左右为难的尴尬局面。在实施分层次教学以后，教师面对同一层次的学生，无论从教学内容还是教学方法方面都很容易把握，教学质量就自然有所提升。

三、分层次教学的实施

（一）合理分级，整体提升

我国各大高校扩招政策的不断深入，使得我国原本是以一本线招生的各大高校也招入了许多二本分数的学生，加之部分高校还存在文理科混招的现象，进而导致学生的入学成绩差异也越来越大。因此，分层次教学模式的实施将更符合当前高校学生的学习实际，且以此方式开展高等数学教学，将更能体现出该教学模式的针对性与科学性。当然，采用分层次教学模式，首要工作便是对学生进行合理评级，而要确保评级的合理性，可以采取将学生入学成绩与学生资源结合的方式，以学生自主选择为基础，然后参考学生的入学成绩予以分级，如此方有利于学生学习兴趣与学习主观能动性的调动。与此同时，积极引进合理的竞争机制，还可有效促进学生学习积极性的提升，进而有利于学生整体学习效率的提高。

（二）构建分层目标，合理运用资源

采用分层次教学模式，针对教学的目标也应结合分组原则予以合理设定。通常情况下，针对学习能力强的学生，不应对其做出过多的限定，且需以激发学生的学习潜能为主，以免限制学生在高等数学领域的发展；而针对处于较低层次的学生，则需以掌握基础为主，且针对不同专业以及不同专业取向的学生，应尽可能地为其提供充足的数学知识，从而让各层次学生均能对数学的价值、功能以及数学的思想方法有所了解，进而努力促进更多学生由低层次逐步往高层次的方向发展，继而确保课堂教学质量与效率的有效提升。从理论层面来看，关于学生层次以及教学目标的分级，当然是越细越好，但考虑到我国各大高校庞大的学生数量，以及教学组织与管理方面的难度，加之教学资源的合理运用，因而实际的分层考虑以 A，B 的方式划分即可，而针对教学目标的设定还需考虑如下几个方面：一为数学的基本原理与概念；二为解决问题的能力的训练方法；三为数学的思想与文化素质。

1. 对基础层次为 A 的学生采用的教学方法与教学策略

针对基础较好且学习能力相对较强的学生，为确保高效的教学效率，首先应

致力于学生学习兴趣的提升。对此，教师采取的教学方式应是以鼓励并引导为主。与此同时，促使学生掌握正确的学习方法，有利于学生自主学习能力的发展。当然，考虑到学生的不同层次，教师的教学过程亦应遵循以下几点：第一，要尽可能将抽象的高等数学知识直观化，以方便学生理解；第二，增加立体几何的相关内容；第三，注重体现教学的启发性；第四，增强教学的趣味性。

2. 对提高层次为 B 的学生应采用的教学方法与教学策略

针对处于 B 层次的学生，首先，教师的教学除了需侧重展示教学的概念外，还需让学生了解一定的定理发展史，以帮助学生理解数学基础知识中所包含的数学思想并同时掌握解决问题的基本方法，继而寻求数学的解题规律，以解释数学的本质。其次是坚持以解决问题为核心，并采用启发式的教学方式以激发学生的学习潜力。再次是要积极联系教材，并尽量为学生创设活跃的学习环境，以促使学生自主学习并主动提出问题，进而通过组织学生探讨以找出符合问题描述的解题类型。最后则是根据考研能力的要求设置合理的例题，从而确保针对学生的水平训练能满足日常的训练要求。当然，最为重要的一点还是要对当前的教育理念予以进一步的补充与完善，并针对现有的学分制进行相应的改革，结合现有的教学软硬件等资源条件，让每一位学生都能体会到成功的快感，从而提升学生学习的积极性。

（三）分层教学内容，满足知识理解深度

把控教学进度并针对不同层次的班级采用不一样的教学内容与方法是分层次教学模式的核心。针对高层次的班级，教师应在教授基础知识之余，结合全国硕士研究生入学考试大纲的要求进行适当的拓展，以提升学生对所学知识的实际运用能力，进而促使学生逐步由"学会"往"会学"的方向发展。而针对低层次的班级，则需适当降低要求，即在要求学生掌握本科基本内容的前提下，理解部分课本内与课本外的简单习题。与此同时，针对不同层次的班级，即便是相应的内容也应有不一样的要求。如针对高层次的班级，应对其在知识理解的深度与广度方面提出更高的要求，而低层次的班级仅需懂得运用基本的概念与方法以及能用描述性的语言处理问题即可。

例如，当进行"权限"概念的相关内容教学时，针对高层次的班级，教师除了应要求学生掌握"E，V"的定义外，还应要求学生能通过例题与习题深挖概念所隐藏的内涵，继而懂得利用"E，V"去对既有的结论予以证明。而针对低层次的班级，仅需要求其掌握极限的"E，V"定义，而后针对部分极限能用描述性的定义去求解即可。又如，针对高等数学中的定理与性质，低层次的班级仅需学会使用即可，而高层次的班级则应要求其对理论进行论证。

（四）采取分层考核和评分，提升学生的主动性

由于采用分层次教学的方式，教师在日常的教学过程中便对学生有着不一样的要求，因而考试的内容也应根据最新划定的学生层次来做出适当的调整，并最终将考试成绩作为对学生进行再次分级的依据。当然，教师所做的调整也需结合学生意愿，如根据学生意愿将高层次班级中的"后进生"降低到低层次的班级，而将低层次班级的"优等生"上升至高层次班级，如此方能在避免打击学生学习自信的同时提升学生的学习主动性与积极性。

例如，在学习"数列的极限"内容时，教学目标是让学生理解数列极限的定义，学会应用定义求证简单数列的极限，或根据数列的变化趋势找到简单数列的极限。因此，教师在教学之后进行考核的过程中，可以采取分层考核和评分的方法。其中，针对优等生，教师不仅需要考核他们掌握基础知识的情况，还需要注重考核其对爱国主义和辩证唯物主义等知识的掌握；对于水平较低的学生来说，教师或学校采用这种考核方法，能够让不同水平的学生更加全面地认识自己，从而全面提升学生的数学水平。

总之，将分层次教学模式应用于高等数学教学，其目的主要是希望能减轻学生的学习压力，进而促进学生对该专业基础知识的掌握，并以此提升学生的抽象与逻辑思维能力。因此，作为高等数学教师，应将分层次教学模式视作一种教学组织形式，而要充分发挥此种教学形式的作用，关键在于找出学生的认知规律，并持之以恒地加以实践，总结经验教训，如此方能取得良好的教学效果，并确保学生的有效发展。

第三节　互动教学模式的运用

一、高等数学的课堂教学中师生互动容易出现的问题

（一）形式单调，多师生间互动，少生生间互动

课堂互动的主体由教师和学生组成。课堂中的师生互动可组成多种形式，如教师与学生全体、教师与学生小组、教师与学生个体、学生全体与学生全体、学生小组与学生小组、学生个体与学生个体之间的互动。由于高等数学课程容量比较大，又是抽象的理论内容居多，所以很多教师采取的互动方式都是教师与学生全体、教师与学生个体，教师提出启发式的问题让全体学生思考，由于时间所

限，也只能由个别学生回答问题。这种互动方式没有学生集体讨论的时间，所以就不能广开思路，容易造成学生的思维惯性，起不到培养思维能力和创新能力的作用。

（二）内容偏颇，多认知互动，少情感互动和行为互动

师生互动作为一种人际互动，其内容也应是多种多样的。一般把师生互动的内容分为认知互动、情感互动和行为互动三种，包括认知方式的相互影响，情感、价值观的促进形成，知识技能的获得，智慧的交流和提高，主体人格的完善，等等。由于课堂时间有限，高等数学课又是基础课，上课班型基本都是大班授课，互动的内容也大都集中在知识性的问题上，因此缺乏情感交流。于是，课堂互动主要体现在认知的矛盾发生和解决过程中，而严重缺乏心灵的美化、情感的升华、人格的提升等过程。这样容易导致师生间缺乏了解、缺乏关怀，加之知识的枯燥，就会导致某些学生的厌学情绪和教师的失望情绪。

（三）深度不够，多浅层次互动，少深层次互动

在课堂教学互动中，我们常常听到教师连珠炮似的提问，学生机械反应似的回答，这一问一答看似热闹，实际上，此为"物理运动"，而非"化学反应"，既缺乏教师对学生的深入启发，也缺乏学生对问题的深入思考，这些现象反映出课堂的互动大多在浅层次上进行着，没有思维的碰撞，没有矛盾的激化，也没有情绪的激动，学生以一种单一线条的方式前进，而没有大海似的潮起潮落、波浪翻涌。

在分析课堂中的师生角色时，我们常受传统思维模式的影响，把师生关系定为主客体关系。于是师生互动也由此成为教师为主体与学生为客体之间的一种相对作用和影响。师生互动大多体现为教师对学生的"控制服从"影响，教师常常作为唯一的信息源指向学生，在互动作用中占据了强势地位。

二、互动式教学及其优点

互动教学法是指在教师的指导下，利用合适的教学选材，在教学过程中充分发挥教师和学生双方的主观能动性，形成师生之间相互对话、相互讨论、相互交流和相互促进的，旨在提高学生的学习热情与拓展学生思维，培育学生发现问题、解决问题能力的一种教学模式和方法。互动式教学与传统教学相比，最大的差异在于一个字：动。传统教学是教师主动，脑动、嘴动、手动，学生被动，神静、嘴静、行静，从而演化为灌输式、一言堂。而互动式教学从根本上改变了这种状况，真正做到了"互动"——教师主动和学生主动，彼此交替、双向输入，是多言堂。从教育学、心理学角度来说，互动式教学有四大优点。

①发挥双主动作用。过去教师讲课仅满足于学生不要讲话、遵守课堂秩序、认真听讲。现在教师与学生双向交流，或答疑解惑，或明辨是非，学生挑战教师，教师激励学生。

②体现双主导效应。传统教学是教师为主导，学生为被动接受主体。互动式教学充分调动了学生的积极性、主动性、创造性，教师的权威性、思维方式、联系实际解决问题的能力以及教学的深度、广度、高度受到挑战，教师的因势利导、传道授业、谋篇布局等"先导"往往会被学生的"超前认知"打破，主导地位在课堂中不时被切换。

③提高双创新能力。传统的教学仅限于让学生认知书本上的理论知识，这虽是教师的一种创造性劳动，但其教学效果有局限性。互动式教学提高了学生思考问题、解决问题的创造性，促使教师在课堂教学中不断改进、不断创新。

④促进双影响水平。传统教学只讲教师影响学生，而忽视学生的作用。互动式教学是教学双方进行民主平等、协调探讨，教师眼中有学生，教师尊重学生的心理需要，能够倾听学生对问题的想法，发现其闪光点，形成共同参与、共同思考、共同协作、共同解决问题的局面，真正产生心理共鸣、观点共振、思维共享。

三、互动式教学的类型

互动式教学作为一种崭新的适应学员心理特点、符合时代潮流的教学方法，其基本类型在实践中不断发展，严格地说，"教学有法，却无定法"。笔者认为，比较实用的互动式教学方法有以下五种。

①主题探讨法。任何课堂教学都有主题。主题是互动教学的"导火线"，紧紧围绕主题就不会跑题。其策略的一般程序为抛出主题—提出主题中的问题—思考讨论问题—寻找答案—归纳总结。教师在前两个环节为主导，学生在中间两个环节为主导，最后教师做主题发言。这种方法主题明确、条理清楚、探讨深入，能够充分调动学生的积极性、创造性，缺点是组织力度大，学生所提问题的深度和广度具有不可控制性，往往会影响教学进程。

②问题归纳法。将教学内容在实际生活中的表现以及存在的问题先请学生提出，然后教师运用书本知识来解决上述问题，最后归纳总结所学基本原理及知识。其策略的一般程序为提出问题—掌握知识—解决问题，在解决问题过程中学习新知识，在学习新知识过程中解决问题。这种方法目的性强，理论联系实际

好，提高解决问题的能力快，缺点是问题较单一，知识面较窄，解决问题容易形成思维定式。

③典型案例法。运用多媒体等手法将精选个案呈现在学生面前，请学生利用已有知识尝试提出解决方案，然后抓住重点做深入分析，最后上升为理论知识。其策略的一般程序为案例解说—尝试解决—理论学习—剖析方案。这种方法直观具体、生动形象、环环相扣、对错分明、印象深刻、气氛活跃，缺点是理论性学习不系统、不深刻，典型个案选择难度较大，课堂知识容量较小。

④情景创设法。教师在课堂教学中设置启发性问题、创设解决问题的场景。其策略的一般程序为设置问题—创设情景、搭建平台—活跃氛围。这种方法课堂知识容量大，共同参与性强，系统性较强，学生思维活跃，趣味性浓，难点是对教师的教学水平要求高，需要教师有较强的调控能力，对学生的配合程度要求高。

⑤多维思辨法。把现有解决问题的经验方法提供给学生，或有意设置正反两方，掀起辩论，在争论中明辨是非，在明辨中寻找最优答案。其策略的一般程序为解说原理—分析优劣—发展理论。这种方法课堂气氛热烈，分析问题深刻，自由度较大，缺点是要求充分掌握学生的基础知识和理论水平，教师收放把握得当，对新情况、新问题、新思路具有极高的分析能力。

互动教学法是一种民主、自由、平等、开放式的教学方法。耗散结构理论认为，任何一种事物只有不断从外界获得能量方能激活机体。"双向互动"关键要有教师和学生的能动机制、学生的求知内在机制和师生的搭配机制。这种机制从根本上取决于教师和学生的主动性、积极性、创造性以及教师教学观念的转变。

四、师生互动在高等数学教学中所应具备的条件

（一）确立平等的师生关系和理念

师生平等，教师是整个课堂的组织者、引导者、合作者，而学生是学习的主体。教育作为人类重要的社会活动，其本质是人与人的交往。教学过程中的师生互动，既体现了一般的人际关系，又在教育的情景中"生产"着教育，推动教育的发展。根据交往理论，交往是主体间的对话，主体间的对话是在自主的基础上进行的，而自主的前提是平等参与。因为只有平等参与，交往双方才可能向对方敞开心扉，彼此接纳，无拘无束地交流互动。因此，实现真正意义上的师生互动，首先应是师生完全平等地参与到教学活动中来。

怎样才能有师生间真正的平等？师生间的平等并不是说到就可以做到的，这

当然需要教师们继续学习，深切领悟，努力实践。如果我们的教师仍然是传统的角色，采用传统的方式进行教学，学生仍然是知识的容器，那么，即使把师生平等的要求提千百遍，恐怕也是实现不了的。很难想象，一个高高在上的、充满师道尊严意识的教师，会同学生一道平等地参与到教学活动中来。要知道，历史上师道尊严并不是凭空产生的，它其实是维持传统教学的客观需要。这里必须指出的是，平等的地位，只能产生于平等的角色。只有当教师的角色转变了，才有可能在教学过程中，真正做到师生平等地参与。教师在不同的时间、情况下，扮演着不同的角色。(1)模特儿。要演示正确的、规范的、典型的过程，又要演示错误的、不严密的途径，更要演示学生中优秀的或错误的问题，从而引导学生正确地分析和解决问题。(2)评论员。对学生的数学活动给予及时的评价，并用精辟的、深刻的观点阐述内容的要点、重点及难点，同时以专家般的理论让学生折服。指出学生做的过程中的优点和不足，提出问题让学生去思考，把怎样做留给他们。(3)欣赏者。支持学生的大胆参与，不论他们做得怎么样，抓住学生奇妙的思想火花，大加赞赏。

(二)彻底改变师生在课堂中的角色

课堂教学应该是师生间共同协作的过程，是学生自主学习的主阵地，也是师生互动的直接体现，要求教师从已经习惯了的传统角色中走出来，从传统教学中的知识传授者，转变成为学生学习活动的参与者、组织者、引导者。学生是知识的探索者、学习的主人。课堂是学生的，教具、教材都是学生的。教师只是学生在探索新知道路上的一个助手，应尊重学生的主体地位，建立师生民主平等的环境，赋予学生学习活动中的主体地位，实现学生观的变革，在互动中营造一种相互平等、包容和融洽的课堂学习气氛。

现代建构主义的学习理论认为，知识并不能简单地由教师或其他人传授给学生，而只能由每个学生依据自身已有的知识和经验主动地加以建构；同时，让学生有更多的机会去论及自己的思想，与同学进行充分的交流，学会如何去聆听别人的意见并做出适当的评价，有利于加强学生的自我意识和自我反省。因此，数学教育中教师就不应被看成"知识的授予者"，而应成为学生学习活动的促进者、启发者、质疑者和示范者，充分发挥"导向"作用，真正体现"学生是主体，教师是主导"的教育思想。所以课堂教学过程中的师生合作主要体现在如何充分发挥教师的"导学"和学生的"自学"上。而彻底改变师生在课堂中的角色，就要变"教"为"导"，变"接受"为"自学"。

举个例子，在高等数学教学中，讲重要极限公式时，就可以让学生自己用数形结合的思想推出结论，这样利用已学知识尝试解决、攻克疑难问题，学生对本节课的知识点就相当明确。"自学"的过程实际上是学生运用已学知识进行求证的过程，也是学生数学思维得以进一步锻炼的过程。所以改变课堂教学的"传递式"课型，还课堂为学生的自主学习阵地是师生双边活动得以体现，师生互动得以充分实现的关键。

总之，教师成为学生学习活动的参与者，平等地参与学生的学习活动，必然导致新的、平等的师生关系的确立。我们教师要有充分的、清醒的认识，从而自觉地、主动地、积极地去实现这种转变。

（三）建立师生间相互理解的观念

教学过程中，师生互动，看到的是一种双边（或多边）交往活动，教师提问，学生回答，教师指点，学生思考；学生提问，教师回答；共同探讨问题，互相交流、互相倾听、感悟、期待。这些活动的实质是师生间相互的沟通，实现这种沟通，理解是基础。

有人把理解称为交往沟通的"生态条件"，这是不无道理的，因为人与人之间的沟通，都是在相互理解的基础上实现的。研究表明，学习活动中，智力因素和情感因素是同时发生、交互作用的。它们共同组成学生学习心理的两个不同方面，从不同角度对学习活动施以重大影响。如果没有情感因素的参与，学习活动既不能发生也难以持久。情感因素在学习活动中的作用，在许多情况下超过智力因素的作用。

教学实践显示，教学活动中最活跃的因素是师生间的关系。师生之间、同学之间的友好关系是建立在互相切磋、相互帮助的基础之上的。在数学教学中，数学教师应有意识地提出一些学生感兴趣并有一定深度的课题，组织学生开展讨论，在师生互相切磋、共同研究中增进师生、同学之间的情谊，培养积极的情感。我们看到，许多优秀的教师，他们的成功，很大程度上是与学生建立起了一种非常融洽的关系，相互理解，彼此信任，情感相通，配合默契。教学活动中，通过师生、生生、个体与群体的互动，合作学习、真诚沟通。教师的一言一行，甚至一个眼神、一丝微笑，学生都能心领神会。而学生的一举一动，甚至面部表情的些许变化，教师也能心明如镜。

（四）在教学过程中师生互动的应用

在教学过程中，师生之间的交流应是"随机"发生的，而不一定要人为地设计出某个时间段教师讲、某个时间段学生讨论，也不一定是教师问学生答。即在课堂教学中，尽量创设宽松平等的教学环境，在教学语言上尽量用"激励式""诱导式"语言点燃学生的思维火花，尽量创设问题，引导学生回答，从而提高学生的学习能力及培养学生的创设思维能力。

古人常说，功夫在诗外（指学习作诗，不能就诗学诗，而应把功夫下在掌握渊博的知识，参加社会实践上），教学也是如此，为了提高学术功底，我们必须在课外大量地读书，认真地思考；为了改善教学技巧，我们必须在备课的时候仔细推敲、精益求精；为了在课堂上达到"师生互动"的效果，我们在课外就应该花更多的时间和学生交流，放下架子和学生真正成为朋友。学术功底是根基，必须扎实牢靠，并不断更新；教学技巧是手段，必须生动活泼、直观形象；师生互动是平台，必须师生双方融洽和谐、平等对话。如果我们把学术功底、教学技巧和师生互动三者结合起来，在实践中不断完善，逐步达到炉火纯青的地步，那么我们的教学就是完美的，我们就是成功的。

要想建立体现人格平等、师生互爱、教学民主的人文气息，促进师生关系中的知识信息、情感态度、价值观等方面相互交融，就必须不断加强师生的互动。在尊重教师的主导地位、发挥教师的指导作用下，必须留给学生自主的"五权"，即"发言权""动手权""探究权""展示权""讨论权"，从而体现学生的主体地位。在互动中，教师和学生可以相互碰撞、相互理解；教师在互动中激励和唤醒学生的自主学习、主动发展，学生在互动中借助教师的引导，利用资源得到发展。只有充分认识师生互动双方的地位，才能促进学生学习方式的转变和教师教学理念的更新；只有充分发挥互动的作用，才能促进师生之间、生生之间的有效互动，才能收到事半功倍的教学效果，才能促进师生的和谐发展与进步。

五、互动式教学的教学程序

互动教学法在高等数学教学中一般可分为六个阶段。

（一）预习阶段

课前预习是教师备课、学生预习的过程。教师根据学生的个性差异备好课，学生根据教师列出的预习提纲和内容进行自我研究，或者同学之间互相探讨，从中寻找问题、发现问题、列出问题。对于学生暴露出来的问题，教师做详细分析，并对这些问题如何解决提出对策和方法，进行"二次备课"。

（二）师生交流阶段

这一环节是对上一环节的升华。教师要组织学生针对普通的问题，结合教材，归纳出需要交流讨论的问题，然后提出不同看法并进行演示，共同寻找解决问题的办法，倡导学生主动参与、乐于探究、勤于动手，培养学生获取知识、解决问题以及交流合作的能力。

（三）学生自练阶段

学生根据师生交流的理论知识和师生演示提供的直观形象进行分组练习，互相探讨，教师进行巡回指导，为学生提供充分的活动和交流的机会，帮助学生在自主探究过程中真正理解和掌握知识。

（四）教师讲授阶段

这一阶段是师生进行双边活动的环节，是课堂教学的主导。在自练之后教师进行讲解，突出重点、难点，让每个学生反复思考，积极参与到解决问题中来，充分发挥民主作用，各抒己见。而学生则根据教师的讲解、示范不断改进，直到解决问题为止。这一环节要求教师具有仔细的辨析能力和较高的引导技巧。

（五）学生实践阶段

练习是课堂教学的基本部分，它充分体现了以学生为主体的教学过程。教学过程中，教师有目的地引导学生将所学知识技能应用到实践中，采用自由组合分组练习的方法满足学生个人的心理需求，并尽可能安排难度不一的练习形式，对不同层次的学生提出不同层次的要求，尽可能地为各类学生提供更多的表现机会。练习的方式要做到独立练习和相互帮助练习相结合，使学生在练习中积极思考、亲自体验，并从中找到好的方法与经验，从而提高学生应用问题和解决问题的能力。

（六）总结复习阶段

此阶段是课堂教学的结束及延伸部分，在教学中，学生可以自由组合，互相交流，互相学习，这样既可以培养学生的归纳能力，又能够使学生的身心得到和谐的发展。最后教师画龙点睛，总结本课的优缺点以及存在的问题，并布置课后复习，要求学生利用课余时间对所学的内容进行复习，加强记忆。

总之，高等数学是成人院校和职业院校的一门重要的基础课，它对于学生后续课程的学习有重要的作用。在高等数学教学中，应用互动式教学，使学生由被动变为主动，提高了学习兴趣，同时也增进了教师和学生之间的沟通与交流，互动教学法不失为一种好的教学方法。

六、运用翻转课堂的教学模式

（一）翻转课堂教学模式解析

狭义的"翻转课堂"指的是为学生制作与课程相关的短小视频，布置给学生作为课前自主学习的任务，而广义上的"翻转课堂"则包括布置给学生课前或课后自学的主要学习资料和任务，而在课堂上我们教师要进行的则是针对学生在自学过程中遇到问题的答疑、解惑、讨论和交流。在翻转课堂中，教师的角色不再单单是课程内容的传授者，更多地变为学习过程的指导者与促进者；学生从被动的内容接受者变为学习活动的主体；教学组织形式从"课堂授课听讲＋课后完成作业"转变为"课前自主学习，课堂协作探究"；课堂内容变为作业完成、辅导答疑和讨论交流等；技术起到的作用是为自主学习和协作探究提供能够帮助学习的资源和互动工具；评价方式呈现多层次、多维度。

（二）关于翻转课堂内容的选择

笔者认为翻转课堂内容的选择也是有方法和技巧的，对于学得比较好的班级，应该选择综合性比较强，包含知识点多的章节作为翻转内容，这样学生在课下学习的过程中会主动地去翻书、查找资料，复习和学习更多的内容。前期，教师对问题的选择也很重要。教师要选择和学生生活、学习以及专业相关的问题。例如，财会专业的学生可以选择和经济相关的内容，土木工程和工程管理专业的学生可以选择和积分相关的内容。

（三）教师的前期准备工作

在翻转课堂的实施过程中，教师的前期准备工作显得尤为重要。前期要进行翻转内容的筛选、材料的搜集、视频和 PPT 的制作、作业的布置、学习流程指导等，完成以后将所准备的材料打包放到班级群共享或者网络平台里面供全班同学观看。在做好上课前的预习准备工作的同时，将全班学生进行分组，并为各个小组分配好具体任务。当然，在这期间，小组长要与教师进行沟通，寻求参考意见和帮助，目的是让整个课程的设计流程更加流畅，环节更加紧密，效果更为理想。同时，教师最好在前一次课给出具体的要求以及下次课将要考查的内容，让学生提前学习，做好准备，同时针对学习方法给学生提出意见和建议。

（四）课堂翻转过程

根据翻转课堂的宗旨，课堂将转换为教师与学生的互动，主要以答疑交流为主，教师要帮助学生自己消化课前学习的知识，纠正错误，加深理解。因此在课堂教学中，第一阶段的主要任务是答疑和检查学生的学习效果，针对翻转章节，将内容细化为 7～10 个知识点，随机抽取各个小组来讲解自己的答案，在这一过程中极大地激发了学生的学习兴趣，大多数小组会制作精美的 PPT 和课程报告。这一部分的讲解将使部分学生完成对知识点的吸收和内化，为第二阶段打下了牢固的基础。第二阶段主要为教师的点评和学生学习效果核验过程。后期针对学生的讲解，教师要进行认真点评，不但要肯定学生的学习态度和能力，还要给出有效的建设性意见，对学生的学习有一定的鼓励作用。同时要针对翻转内容让学生做一个 20 分钟左右的小测验。

（五）基于翻转课堂教学模式的高等数学教学案例研究

1. 教学背景

曲线积分是高等数学的重要内容，主要研究多元函数沿曲线弧的积分。曲线积分主要包括对弧长的曲线积分和对坐标的曲线积分。对坐标的曲线积分是解决变力沿曲线所做的功等许多实际问题的重要工具，在工程技术等许多方面有重要应用。格林公式研究闭曲线上的线积分与曲线所围成的闭区域上的二重积分之间的关系，具有重要的理论意义与实际应用价值。

2. 教学目标

课程教学目标包括三个方面：知识目标、能力目标、情感目标。

（1）知识目标。理解和掌握格林公式的内容和意义，熟练应用格林公式解决实际问题，了解单连通区域和复连通区域的概念，理解边界线方向的确定方法。

（2）能力目标。通过实际问题的分析和讨论，增强学生应用数学的意识，培养学生应用数学知识解决实际问题的能力，通过推导和证明培养其严格的逻辑思维能力。

（3）情感目标。通过引入轮滑等身边实例，使学生认识到所学数学知识的实用性，结合生动自然的语言，激发其学习数学的兴趣。

3. 教学策略

（1）采用线上、线下相结合的翻转课堂教学模式。课前线上学习、小组讨论，课上教师讲解、学生汇报，师生讨论、深化提高。

（2）采用以问题为驱动的教学策略。以滑轮做功问题引入，围绕下列问题渐次展开：第一，什么是单连通区域、复连通区域？如何确定边界曲线的正向？第二，格林公式的条件和结论如何证明？第三，格林公式的具体应用。

（3）采用实例教学法，激发学生的学习兴趣。利用生活中的滑轮问题，引入力、路径和功之间的关系，激发学生的兴趣；然后提出计算问题，使其认识到探索新方法的必要性，引导学生主动思考和应用格林公式。

（4）采用典型例题教学法巩固教学重点。通过分析典型例题，使学生深入理解格林公式在计算第二类曲线积分中的作用。学生通过分析典型例题的求解思路和方法，融合比较分析技术，自己总结规律和技巧，掌握格林公式的应用，同时巩固格林公式的理论和方法。

4. 教学过程

(1)问题导入——滑轮做功问题。

假设在滑动过程中,滑行路线为 L:$(x-1)+y=1$,求逆时针滑行一周前方对后方所做的功。

分析:该问题是变力沿曲线做功问题。

由第二类曲线积分的计算方法,令 $x=1+\cos t$,$y=\sin t$,则请同学们思考如何计算该定积分。同学们讨论后发现,积分求解困难,统一变量法失效,发现此为定积分方法的局限性。求解这样一个闭曲线上的积分,需要寻求新的方法,也就是格林公式,从而引出本节教学内容。

板书本节课的主要问题(后续教学紧紧围绕这三个问题展开)。

第一,什么是单连通区域、复连通区域?如何确定边界曲线的正向?第二,格林公式的条件和结论如何证明?第三,格林公式的具体应用。

(2)单(复)连通区域。

在讨论格林公式之前,先讨论关于区域的基本概念。通过平面封闭曲线围成平面区域这一事实,引入平面区域的分类和边界线的概念。

请同学们汇报网上学习的情况。有学生主动要求汇报,学生在黑板上画图并通过图形叙述了单(复)连通区域的概念以及边界曲线正向的确定方法。

教师对学生的汇报情况加以肯定,强调复连通区域内外边界线方向的不同,并进一步拓展为内部有多个"洞"的情况。

(3)格林公式。

我们知道平面区域对应着二重积分,而其边角线对应着曲线积分,这两类积分之间有什么关系呢?

请同学们根据线上学习情况进行汇报。有的学生带着事先准备好的讲解稿主动要求到讲台上讲解。先板书定理内容,然后画图,结合图形分析证明思路。要求学生仅针对区域既是 X 型又是 Y 型的情况进行证明。利用积分区域的可加性,其他情况可以类似证明。

教师提问:定理的条件为什么要求被积函数具有一阶连续偏导数呢?

学生讨论后发现,定理证明过程中用到了偏导数的二重积分,因而要求连续。

教师提问:格林公式对复连通区域成立吗?

师生共同讨论:通过给一个具体区域形状,根据分割方法,将一般区域问题化为几个简单问题。利用对坐标的曲线积分的性质,可以证明格林公式同样成立。

为了便于记忆，我们把格林公式的条件归纳为："封闭""正向""具有一阶连续的导数"。

(4)格林公式的具体应用——典型例题分析。

①直接用格林公式来计算。例1为滑轮做功问题求解，让学生体会格林公式的作用，对应问题引入。

②间接用格林公式来计算。例2为计算对坐标的曲线积分。

$(e\sin y+my)\mathrm{d}x+(e\cos y-m)\mathrm{d}y$，其中 L 是上半圆周 $(x-a)^2+y^2=a^2$，$y\geqslant0$，沿逆时针方向。

教师提问：能否直接使用统一变量法？若不能，能否利用格林公式？

学生回答：不满足格林公式的条件。

教师进一步启发：能否创造条件使之满足定理的条件？

师生共同分析：采取补边的办法。

③被积函数含有奇点情形。例3为计算曲线积分。

其中 L 为一条无重点、分段光滑且不经过原点的连续闭曲线，取逆时针方向。

分析：为一条抽象的连续闭曲线，其内部可能包含原点，也可能不包含原点。若包含原点在内，则原点为被积函数的奇点，不能直接使用格林公式。

师生共同探讨：采取"挖去"奇点的办法解决。

(5)内容总结。

课堂总结复习，回顾格林公式的内容和求闭曲线上的线积分的基本方法。布置课后作业，掌握格林公式的应用。重点复习格林公式的理解和应用。

5. 教学反思

课题教学从实际问题出发，导出问题，分析问题，围绕问题展开讨论。采用了线上、线下相融合的翻转课堂教学模式，通过课前线上学习，课堂汇报，充分体现了学生的主体地位，发挥了学生学习的积极性和主动性。课堂教学运用了问题驱动的教学方法，层层递进、环环相扣，知识内容一气呵成。重点强调了公式的条件和应用方法。但在学生汇报环节，个别学生参与度不够，体现出线上学习不够深入。

七、运用"三合一"教学模式

高等数学"三合一"教学模式主要是指在高等数学的教学过程中，设计一些有针对性的实验课内容，将数学建模、Matlab 辅助求解融入高等数学教学中的教育教学模式。它与传统的高等数学、数学建模、数学实验三门课独立教学完全不同，是将数学建模方法、Matlab 辅助求解融入高等数学的教学中，旨在促进学生更加深入地理解数学的思想内涵，简称"三合一"教学。

高等数学"三合一"教学的方案设计

为了将传统的高等数学、数学建模、数学实验三门课程的教学目标有机地融合在一起，使得学生能够更好地理解数学知识，增强数学应用意识，感受数学计算的便捷性，高等数学"三合一"教学模式主要侧重在原来的单一的理论课的讲授方式上再加入三种实验课形式：概念形成体验课、数学辅助计算工具体验课、数学建模应用体验课。

1. 概念形成体验课

高等数学课程中的导数、定积分这两个概念就适合用体验式的学习方式，由于概念描述篇幅很长，思路较为烦琐，又涉及极限思想，所以普通教学模式下，学生学完后对导数和定积分的本质还是不清楚，而采用概念形成体验课就能让学生对概念表示的式子理解得更加深刻。

2. 数学辅助计算工具体验验课

一直以来，高等数学课程的教学给人的印象就是极限、导数、积分的计算技巧训练课，其中的运算烦琐且困难，很多学生就是在漫长的计算训练中慢慢失去对数学的兴趣和信心的。数学辅助计算工具体验课是学生在完成基本概念和基本运算的学习后，到实验室体验数学软件的辅助计算功能，体验有了工具辅助后数学运算的便捷性。如在完成极限、导数、积分的概念与运算的学习后，推荐学生应用 Matlab 进行极限、导数、积分计算，利用 Matlab 可非常快捷地得到结果，不需要考虑具体表达式的计算技巧。这样学生就可以避免枯燥和烦琐的计算，节省出大量的精力和时间，以轻松的心态了解极限、导数、积分的基本思想和方法。

实验的具体设计：

(1)实验目的：熟悉 Matlab 中的求极限、导数、积分命令。

(2)实验内容：选取常见初等函数，结合重要极限性质进行计算，对复合函数、隐函数求导，极值和最值问题，积分的换元、分部积分方法等，利用编程简化计算过程，熟悉常见指令的使用方法，从而实现利用 Matlab 帮助解决实际数学问题。

数学辅助计算工具体验课的设计意图是给学生提供一种快速进行微积分计算

的新途径，节省计算的时间，把学生的学习重点引导到微积分的核心思想上。这种实验体验课所占课时较少，但是培养学生实践能力的效果突出。学生能够利用软件工具，掌握基本操作命令，熟悉编程的基本步骤，这样就可以实现辅助计算。

3. 数学建模应用体验课

数学建模是数学应用的重要形式，主要包括通过实际背景提出问题、建立数学模型、应用适当方法求解问题的一系列过程，可以促进学生理解数学基础知识、提高综合应用能力。高等数学课程中导数的应用、积分的应用、微分方程等模块的内容就适合设计数学建模应用体验课，学生通过亲自动手，体验数学知识并结合实际生活，拉近抽象知识与现实的距离，将数学方法和思想深刻植入心中，影响深远。

数学建模应用于体验课的具体设计，以"椅子在地上能不能放稳？"建模练习为例。

（1）实验目的：了解建立实际问题的数学模型的一般过程；感受数学与现实的关系，体会学好微积分知识的重要性。

（2）问题导入：在日常生活中有这样的现象，椅子放在不平的地面上，通常只有三条腿着地，然而只需稍微挪动几次，一般都可以四条腿同时着地，建模说明此种现象。

（3）建立数学模型：模型假设、建立模型、模型求解、评注和思考。利用数学模型求解，即用连续函数的基本性质（零点定理）证明上面的数学问题。

（4）实验总结：感受零点定理在实际生活中的应用，学习数学建模的方法。

数学建模应用体验课的设计意图：主要是通过从实际问题到数学问题的抽象、求解，再回到解释说明实际现象的思维过程体验，使学生对数学知识的本质认识得更加深刻、形象，原来课程中枯燥无趣的数学定理、计算方法，有了对应的思维数学模型后变得生动立体，学生的理解和记忆就变得简单了。有时在求解数学模型的过程中还要借助数学软件计算才能很好地计算出结果，这也锻炼了学生的计算机应用能力。

概念形成体验课、数学辅助计算工具体验课、数学建模应用体验课是配合理论课的学习而设计的，其设计的具体教学过程的最终目的是希望学生更好地理解数学的基本理论知识，体会数学的应用价值，提高利用计算机进行辅助探究的综合能力。通过进行数学实验的体验，使得抽象的数学概念、公式具体化；数学辅助计算工具体验课通过数学软件的辅助，快速地进行微积分运算，使得烦琐的数学运算变得轻松愉快；数学建模应用体验课通过构建数学模型的练习，让学生所学的知识踏实落地，使数学与现实水乳交融。总之，所有的体验都是为了让学生从传统的数学学习的"记、背、算"的模式中解脱出来，真切地领会数学的核心思想方法，直接感悟数学的深奥理论，使学生最终获得持续永久的数学思维能力，并且通过数学实验的体验操作，提升学生参与数学课堂的热情，激发学生对高等数学的学习兴趣。

第七章　高等数学教学评价研究

第一节　总结性评价的运用

一、总结性评价的特点

总结性评价的首要目的是给学生评定成绩，其次为学生做证明或对某个教学方案是否有效提供证据。

总结性评价有以下三个基本特点。

①总结性评价的目的，是对学生在某个教程或某个重要教学部分上所取得的较大成果进行全面的确定，以便对学生成绩予以评定或为安置学生提供依据。

②总结性评价着眼于学生对该门课程整个内容的掌握，注重于测量学生达到该课程教学目标的程度。因此，总结性评价进行的次数或频率不多，一般是一学期或一学年两到三次。期中、期末考查或考试以及毕业会考等均属此类。

③总结性评价的概括性水平一般较高，考试或测验内容包括范围较广，每个题目都包括许多构成该课题的基本知识、技能和能力。

二、总结性评价的用途

总结性评价可以发挥多种用途，某次总结性考试的结果也可用不同方式加以利用。如果教师在设计评价时已确定了一个或几个预期目的，那么总结性考试结果的利用就可能会更令人满意。

总结性评价结果最常提到的用途有以下几个。

(一)评定学生的学习成绩

在学校工作中，总结性评价最常见的用途是评定学生的学习成绩。教师通过日常观察和几次总结性考试，对学生的进步幅度和达到教学目标的程度予以确定并打出分数、评出等级或写出评语。

总结性评价的等级成绩一般是几次总结性考试(考查)或作业得分的综合。在进行这类评价时，教师常常将几次得分综合起来并加权，从而得出学生在这段时间的总成绩或平均成绩。

（二）预言学生在后续课程中成功的可能性

总结性评价的结果也常被用来预言学生在随后一门课程或一段时间的学习中是否可能取得成功。一般来说，在某门学科的总结性测评中成绩好的学生，大多数在其他学科或该学科的其他部分的学习中也会获得好的成绩。但学生的学习能力和学习结果不是恒定的，学生在各个学习阶段上的进步也不可能是偶然的。因此，教师在利用总结性考试结果预测学生的学习潜能时，务必要谨慎小心。

（三）确定学生在后续课程中的学习起点

在这一点上，总结性评价的用途与形成性评价和诊断性评价基本相同。某个阶段结束时的总结性评价结果，既可作为确定学生在下一个阶段的学习中从何起步的依据，也可以反映学生对下一阶段学习在认知、情感和技能方面的准备程度。

不过要使总结性评价的结果成为确定学生在后续课程中的学习起点，有一点是至关重要的，那就是总结性评价不能只用分数或单一的综合分表示，而应伴随比较详细、具体的评语，最好是编制一份关于该学生学习成绩的"明细规格表"，从内容、行为这两个维度来表明学生已经掌握了哪些知识和技能、具备了哪些能力或哪些进一步学习的先决条件。否则，单一的分数不可能给后续课程的教师提供有助于确定学生学习起点的有用信息。

（四）证明学生掌握知识、技能的程度和能力水平

总结性评价的结果也可用来证明学生是否已掌握了（至少在当时）某些必备的知识和技能并具备了某些特殊的能力。由于这类考试把重点集中在某些特定内容的行为表现及其特点上，因此测试题必须认真挑选，评定也必须具体。此外，在这类评价中，人们往往假设了一个"最低分数线"来表示"最低能力水平"，如同司机驾驶执照考试一样，达到或超过这个水平，学生就能胜任进一步的学习任务。

总结性评价的结果用于证明时必须非常谨慎。如果评价结果的效度和信度不高，就会使依据这种结果做出的决策有误，这对学生前途的消极影响是深远的，甚至是难以估量的——一位在某方面有发展前途的学生可能从此被埋没。因此，在把总结性评价用于证明时，教师需要掌握较高级的测试和评价技术，并且应在评价专家的指导下进行。而且即使有评价专家的指导，有时也未必能完全客观、准确。

（五）对学生的学习提供反馈

总结性评价大多数在阶段教学任务完成时或在期末进行。如果总结性考试（考查）测试的是学生在某一阶段的学习结果，或者是反映学生对各个单元学习任务的掌握程度，那么它可以为学生提供其前一段时间学习情况的有关信息，起到的是反馈作用，使学生要么从中受到鼓励，要么从中纠正前段时间学习中的错误或改进自己的学习方法。即使是期末进行的总结性考试，如果考试编排巧妙、评分得当，学生仍然可以从评价结果中获得有用的信息，了解自己对这门课程的掌握程度、存在的问题和难点，并总结自己的成功之处。这些信息将有助于学生明确下一阶段或下一学期自己的努力方向并确立自己的学习目标。

要使总结性评价对学生的学习起积极的推动作用，关键的一点是在综合评分中必须包括各个试题的分项得分，必要时还要给出评语和指导语。

三、总结性评价在高等数学教学中的具体应用

（一）单元测试以及期中测试等形成性评价

若高等数学课程学期课时较长，则会安排期中闭卷考试，属于停课集中测试的类型，而每个章节结束，由教师带领学生进行系统复习后，学生会按要求完成单元测试 A，往往采用随堂测试的方式，对学有余力的学生会提供更有难度的 B 组测试题供课后复习回顾。该类测试不带有鉴定性色彩，采取较随机的方式，以不加重学生的学业负担为原则。这两类考试成绩占总分的 20%，阶段性的评价对平时学习散漫的学生来说无疑至关重要，能让他们对前一阶段的学习成果自查，并敲响警钟；又能让他们端正学习态度，适应大学学习生活，了解自身对基础知识、基本概念、解决问题的能力的掌握情况，找出自身的问题和不足，及时弥补，趋利避害，这既是形成性评价，又可称为"前瞻性"的评价。

（二）期末闭卷考试

对学生高数学习成果和教师教学效果的鉴定最传统的方式即为期末闭卷考试，一般占学期评定成绩的 70% 左右。我们对同一专业的学生，采取统一试题（分 A、B 卷），统一评卷，其目的是通过统一考核，分析各班的教学和学习情况。试卷一般是从比较完善的题库中抽取，今后将要完成题库计算机管理、组配试卷和部分客观题机器阅卷等方式，包括记忆、理解、简单运用、综合运用、逻辑演绎等方面，使总结性评价的时效性、客观性、科学性得到体现，也将尽可能地减轻任课教师的工作负担。

对于不同教学模式的考核，试卷编制也不尽相同，尤其是分层教学模式和翻

转教学模式等新型模式的引入，可以考查学生对高数基础知识的掌握、基本方法的运用，以及扩充。较低层次的目标一般用客观性试题进行测试，如选择题、填空题、是非题、计算题、问答题等，较高层次的目标一般在前面这些题的基础上会增加应用类型问题、分析题、证明题。翻转教学模式更适用于检测学生的自主学习能力，可添加一题多解类型，并加入一些简单的 Matlab 数学软件知识题，以巩固学生对课程内容的了解，同时获得学生关于本课程的总结性评价。

第二节　形成性评价的运用

一、形成性评价的特点

形成性评价是在教学进行过程之中进行的对学生学习结果的评定。

总结性评价考试次数少、概括水平高，只给学生的学习结果以单一的综合评分且只对已完成的学习做出总结性确定，这样极易在学生中引起情感上的焦虑和抵触，因此有人提出，在教学中，应当使用另一种评价方法，即注重对学习过程的测试以及测试结果对学生和教师的反馈，并注重经常进行检查。其目的主要是利用各种反馈改进学生的学习和教师的教学，使教学在不断的测评、反馈、修正或改进过程中趋于完善，从而达到教学的终极目标。这种评价就是"形成性评价"。

心理学的研究成果和教育实践经验表明，经常向教师和学生提供有关教学进程的信息，可以使他们了解在学习中易犯的错误和遇到的困难。如果学生和教师能有效地利用这些信息，按照需要采取适当的修正措施，就可以提高教学效率，就可以使教学成为一个"自我纠正系统"。

与总结性评价不同，形成性评价的主要目的不是给学生评定等级成绩或做证明，而是改进学生完成学习任务所必备的主客观条件。

与总结性评价不同，形成性评价的测试次数比较多，主要在一个单元、课题或新的概念和原理、新的技能的初步教学完成后进行。正是这一点才使形成性评价能及时为师生提供必要的反馈。

与总结性评价不同，形成性评价的概括水平不如前者高，每次测试的内容范围较小，主要是单元掌握情况和学习进步程度测试。这类评价旨在确定每一个学生在一个单元学习中已经掌握的内容以及为了顺利进行下一步学习还需掌握的内容，并帮助每一个学生再次学习那些尚未掌握的要点。

简言之，总结性评价侧重于确定已完成的教学效果，是"回顾式"的；形成性评价侧重于教学的改进和不断完善，是"前瞻式"的。

就形成性评价的设计与实施来看，最重要的是，"反馈一定得伴随各项改正程序"，以便使学生"为今后的学习任务做好充分准备"，这些改正程序包括：给学生提供内容相同但编写形式不同的教材和教学参考书；由几个学生互相讨论和复习有关的教材内容；教师对学生进行个别辅导以及由家长对子女进行辅导；等等。

二、形成性评价的用途

（一）改进学生的学习

形成性测试的结果可以表明学生在掌握教材过程中存在的缺陷和在学习过程中碰到的难点。当教师将批改过的试卷发给学生并由学生对照正确答案自我检查时，学生就能了解这些缺陷和难点，并根据教师的批语进行改正。有时，当教师发现某个或某些题目被全班大多数或一部分学生答错时，可以立即组织班级复习，重新讲解构成这些测试题基础的基本概念和原理；如有可能，教师应该用不同于先前的教学方式进行复习。当有些错误只存在于个别学生身上时，教师可提供符合其特点的纠正途径，或者制定自修教科书的相应内容，或者进行个别辅导，或者由两三名学生组成小组进行讨论。

（二）为学生的学习定步

用评价结果为学生的学习定步是形成性评价的另一个有效用途。某门学科的学习内容总是可以划分为若干个循序渐进、相互联系的学习单元，学生对前一个单元的掌握往往是学习下一个单元的基础。形成性评价可以用来确定学生对前面单元的掌握程度，并据此确定该生下一单元的学习任务与速度。如果形成性测试能有计划地进行，就可以使学生一步步地（一个单元接一个单元）掌握预定的教学内容。

（三）强化学生的学习

形成性评价的结果可以对已经完成或接近完成某一单元学习任务的学习起积极的强化作用。正面的肯定，一方面通过学生的情感反应加强了学生进一步学习的动机和积极性，另一方面也通过学生的认知反应加深了学生对正确答案（概念、法则、原理等）的认识，并在与错误答案的比较中澄清含糊的理解和不清晰的记忆。

要使形成性评价发挥这种强化作用，重要的一点是，形成性测试不应简单地进行打分，而应通过适当的形式让学生较容易地知道他是否已掌握了该单元的学习内容。如已掌握或接近掌握，应明确指出，否则应尽可能地使用肯定性和鼓励性的评语，并提出改进建议。在使用形成性测试时，切忌简单打分，因掌握程度较低的学生反复获得低成绩会使他们失去学习的兴趣。反复获得失败的体验，将使学生对自己学习某门课程的能力产生怀疑，甚至丧失做其他事情的自信心，无法以饱满的情绪投入学习。

（四）给教师提供反馈

形成性评价可以给教师提供有关其教学效果的必要结果的分析，教师可以了解：自己对教学目标的叙述是否明确？教材的组织和呈现是否具有结构性？讲授是否清晰并引导了学生的思路？关键的概念、原理是否已经讲清、讲透？使用的教学手段是否恰当？等等。这些信息的获得将有助于教师重新设计和改进自己的教学内容、方法和形式。

要把形成性评价用于改进教学，教师首先应把测试引向提供信息，而不应把测试和对学生的日常观察结合起来，把从学生的课堂行为中获得经常性反馈与通过测试获得的反馈结合起来，从而清楚地了解自己的教学效果。教师应仔细地分析测试的结果，逐项鉴别学生对每道试题的回答情况。如果班上大多数或相当一部分学生对某个试题的回答有误，那就说明很可能自己的教学在这个方面有问题，应及时予以调整。

三、形成性评价在高等数学教学中的具体应用

（一）完善评价体系

学校应不断改进和完善教学评价体系，对学生的学习状况及学习成果做出合理的评价是十分重要的。例如，部分学校为促进学生积极参与课堂教学活动，学生的课程总成绩（100%）等于终结性评价成绩（60%）加上形成性评价成绩（30%）。其中形成性评价中包括课堂纪律、课后作业、课堂参与情况等，终结性评价则为学生期末的试卷考试成绩。

（二）提高对行为评价的重视度

高校部分学生会出现上课迟到或早退、看手机、不听课、旷课等情况，为了激励学生积极参与到课堂学习中，可以对学生在课堂上的行为以及学习习惯等进行评价，并以一周一小结的方式，将学生的行为评价得分反映出来，在每个月的月初对上个月学生的总体行为评价成绩或开学起至评价日的总体评价成绩在班级上公布。

（三）作业完成情况的评价

由于部分学生不爱完成课内外作业，或者在无耐之下抄袭别人的作业，因此，采取对学生的作业完成情况进行评价。对课堂作业的评价包括学生的笔记情况、完成教师课堂布置的题目情况；课外作业的评价则包括对学生必须完成与选择完成的作业进行评价，促使学生积极完成作业，巩固所学知识。在每次对课内与课外作业做出评价后，将评价结果及时反馈给学生，促使学生及时并积极认真地完成作业，从而提高学生的数学成绩。

（四）提高单元测试对学生的学习促进作用

高校的高等数学教学中，应积极提高单元测试的作用，在每完成一个单元的教学内容后，及时对学生的学习状况做出测试和评价，并了解学生知识掌握的不足，利用课后自习的时间指导学生补充知识，提高前后知识之间的连贯性。另外，应将单元测试成绩按一定的比例纳入学生的期末总成绩评价中，从而调动学生的学习积极性。

大量的实践研究表明，形成性评价对高校高等数学的学习具有很大的促进作用，能有效调动学生的学习积极性，从而促进学生对高等数学知识的学习。高校学生的数学知识整体水平较低，学生也不太愿意学习数学知识，课堂上经常出现违纪情况，如果利用形成性评价对学生的课堂参与情况、单元知识完成情况、课堂作业完成情况、学习态度与行为等进行综合评价，将有利于促进学生学习积极性的提高，从而提高学生的高等数学学习成绩。

第三节　诊断性评价的运用

一、诊断性评价的特点

医生要对症下药，就必须对患者进行仔细的诊断。教学工作也一样。教师要想制定适合每个学生的特点和需要的有效教学策略，必须了解学生，了解他们对所要学习内容的态度，了解导致学生学习成功或失败的原因等。了解学生的手段之一，就是对学生进行诊断性测试。不过，教育中"诊断"的含义较广，它不限于查明、辨别和确认学生的不足和"病症"，它还包括对学生的优点和特殊才能的认识。教育诊断的目的，不是给学生贴标签，而是通过补救或克服其短处的活动方式，即在了解学生的基础上"长善救失"，帮助学生在原有的基础上和困难的范围内获得更大的进步。

对学生的诊断不仅可以单独设计和进行，还可以利用总结性评价和形成性评价的结果来设计和进行。

二、诊断性评价的用途

学年或课程开始之前的诊断性评价，主要用来确定学生的入学准备程度并对学生进行安置。教学进程中的诊断性评价，则主要用来确定妨碍学生学习的原因。

(一)确定学生的入学准备程度

学校和数学教师如果打算使每个学生都喜欢学校学习并积极参与教学活动，就必须通过诊断性调试和其他方式了解学生的入学准备程度。如果教师能辨别出学生在情感、认知风格、语言及技能方面的缺陷和特点，就可据此确定每个学生的教学起点并采取某些补救性措施，或给学生以情感方面的关心和支持。

入学准备程度的诊断一般包括对下列因素的确定：家庭背景、前一阶段教育中知识的储备和质量、注意的稳定性和广度、语言发展水平、认知风格、对本学科的态度、对学校学习生活的态度以及身体状况等。教师可以通过研究学生的履历，分析学业成绩表，以及实施各种诊断性测试，就上述各个方面或几个方面进行诊断。心理学家和教育研究机构已为这方面的测试编制了许多类型不一的标准化测验，教师可以根据需要选用。

诊断出学生在入学准备程度中的缺陷或特点后，教师应当做详细记录并加以分类，以便选择能够帮助学生顺利学习并考虑到个别差异的教学策略。入学准备程度的诊断结果不应用来推迟对某些学生的教学，更不应简单地用于预定某些学生的发展可能性。

(二)决定对学生的适当安置

同一年级的学生肯定在知识储备、毅力和魄力倾向、学习风格、志向抱负及性格等方面互有差别，学生的这种多样性必然也要求教学条件和环境具有多样性。因此，了解学生在上述方面的差别和差别程度，为学生提供符合其特点的学习环境，或者说，根据学生的个别差异对学生划分层次，是教师组织教学活动的前提，也是使每个学生获得充分发展的必要条件。

适应学生的多样性并为学生提供多样化学习条件的准备程序之一，就需要充分考虑教学方法在每个学生的能力、兴趣等方面影响的差异。按成绩分组似乎考虑到了学生之间的差异，但实际上，单一的总结性考试成绩往往掩盖了学生在知识、技能、能力及兴趣等方面的差别。因此，有许多人提出，不论是按年龄和成绩分组，还是按技能和兴趣分组，一个重要的前提条件就是对学生进行诊断性测试并参考学生的学籍档案。

需要指出的是，根据诊断结果对学生进行安置并不能完全解决个别差异和因材施教问题，它只是使教学适应个别差异的一个基本前提，它只能把学生安置在水平大致相当的学生群体中。解决个别差异问题，促使每个学生都取得学习进步的进一步措施，将是组织形式多样的教学活动，提供使学生可以根据自身特点加以选择的多样化的学习方式。

（三）辨识造成学生学习困难的原因

有些学生虽然已被做了适当安置，但在学习过程中往往效果很差，进步很慢，不能达到教师为其预定的学习目标。在这种情况下，教师必须借助各种手段（其中包括诊断性测验）设法查明学生不能从教学中获益的原因。如果教师估计学生的学习困难产生于教学，那就应通过各种考试（考查）予以确定，然后改进自己的教学。如果教师估计学生的学习困难不是产生于教学，那就应同其他教师一起进行"教育会诊"，分析造成学生学习困难的原因。如果估计学生的学习困难是非教育方面的原因造成的，那就应由学校出面，请教有关方面的专家（如心理学家、医生等）进行进一步的诊治。

非教育方面的原因可能是学生的身体状况，也可能是学生的情绪状况，还有可能是学生所处的环境。身体方面的问题，如营养不良和疾病，可以造成学生学习能力的欠缺或低下；情绪方面的问题，如情绪不稳定、自信心降低、伴随青春期而来的紧张等，也可以使学生无法进行正常的学习活动；环境因素，如家庭经济条件差、父母婚姻关系不好、父母文化程度低、父母对子女的教育期望过高或过低，以及社区环境的消极影响等，都可直接或间接地影响学生的学习效率。

学校和教师如能通过诊断性评价辨识出造成学生学习困难的原因，就可以设计"治疗"方案，采取有效措施，排除干扰学生学习的因素或尽可能降低其消极影响。

三、诊断性评价在高等数学教学中的具体应用

以人才培养工作状态数据为基础进行教学诊断和改进工作，为了能够切实提高数据收集分析的科学性和有效性，应强化周期性的、具有常态化的教学诊断和改进工作制度的建立，通过定期的、定时的周期数据的收集对数据进行汇总分析，将数据分析所得的结果整体反馈到教学诊断和改进的工作中，以即时性强的、数据有效的工作制度为基础，促进诊断和改进工作有效地进行。

（一）实训报告评价

平时成绩的另一部分就是实训报告成绩，一般占学期评定成绩的10％左右。在精品课程网站可以下载各阶段实训题，考查学生运用数学知识和软件解决实际问题的能力。同时也响应教育厅提出的"大班教学，小班讨论"相结合的教育改革新方式，通过选用与学生专业较为密切的应用性课题，要求学生以团队形式组织学习，与教师可在互动平台交流，完成后上传报告，评定成绩。这部分内容是高等数学项目制教学开展的重点尝试，同时也是学校明确提出的将职业核心能力（职业沟通、团队合作、解决问题、信息处理等）融入日常课堂教学的有益尝试。此种模式的教学旨在提高学生的合作意识，端正其学习态度，提高其全面的职业素养，激发其学习动机及主动探索与求实的精神，培养其收集信息、处理数据、分析数据等能力，从而达到学数学和用数学解决问题的目的。

（二）数学实验环节评价

由于高等数学课程采取理实结合的教学模式，故在日常教学中添加数学实验环节，一般每学期有6学时，一学年共12学时。重点在于教授 Matlab 软件在高等数学中的应用，进而研究其在现实生活中、专业研究中的应用，该教学模式取得了一系列成果，在学业评价方面占学期评定成绩的10％左右。高等数学教学中会有许多比较烦琐的计算（包括极限、导数、积分、极值、微分方程等部分的运算），一些基本概念和理论的理解存在一定的难度，而这些通过数学软件的演示和计算能给学生以直观印象并获得解答，使学生既了解了 Matlab 软件这个数学工具的用处，又培养了学生运用现代技术解决实际问题、数学问题的能力。这部分成绩的评定利用数学实验室的作业上交系统来完成，每次练习完即能获得平时表现分。通过该部分评价，保持了学生传统的学习方式；会用纸笔推理演算的同时，也利用现代技术获得质的提升；用二维、三维图形演示函数，获得感官认识；通过符号运算，获得一些函数极限、导数、积分等运算的解析解；利用程序语言能将实际问题、专业问题，通过建立的模型并借助软件获得较优的解决方案，达到了数学学习"学有所用"的最终目的。

四、建立多元性的评价

发展性教学评价思想是在 20 世纪 80 年代发展起来的一种以促进学生全面发展为主要宗旨的教学评价，它是针对以分等奖惩为目的的终结性评价的弊端而提出来的，主张面向未来，面向评价对象的发展。近年来我国教育也越来越重视过程性评价，建立多元化的评价体系是素质教育的必然要求，是因材施教发展和学生个性发展的需要。多元化评价体系在高等数学课程中的运用对提高教学质量具有重要意义。

（一）单一性评价体系的弊端

①传统评价体系经常是以考卷的形式，以终结性评价作为对学习效果的最后评价，从统计学的角度来说，一次考试的成绩作为最后的评价标准是不准确的，因为成绩会受到很多因素的影响，比如说题目的难度、题型分配、学生的心理和身体因素等。

②传统评价体系缺少形成性评价，而忽视了学生在数学学习过程中表现出的情感态度和一些无法用成绩进行量化的改变。

③过程性评价重视学生在学习过程中的表现，但是片面侧重过程性评价又会受到很多主观因素的影响，特别是高等数学这样的理科课程，可能无法做到准确地评价学生的学习成果。

（二）多元化评价体系的优势

①多元化评价关注学生学习的结果，更关注他们学习的过程；关注学生数学学习的水平，更关注他们在数学活动中所表现出来的情感与态度，能够帮助学生认识自我、建立信心。

②课堂不但注重对学习结果的评价，还通过建立学生的学习档案，注重对学习过程的评价，真正做到定量评价和定性评价、形成性评价和总结性评价、对个人的评价和对小组的评价、自我评价和他人评价之间的良好结合。

③评价的内容涉及问题的选择、独立学习过程中的表现、在小组学习中的表现、学习计划安排、时间安排、结果表达和成果展示等方面。对结果的评价强调学生的知识和技能的掌握程度，对过程的评价强调学生在实验记录、各种原始数据、活动记录表、调查表、访谈表、学习体会、反思日记等的内容中的表现。

④在过程性评价中，定期的正规评价（如小测验、表现性评价）和即时的评价（如学生作业和课堂表现评价）有机地结合起来，这两方面的评价对下阶段改进教学和学习是同样重要的。过程性评价不一定拘泥于形式，如硬性规定日常评价的时间间隔、字数、内容、形式等，只要教师对学生的观察和累积达到一定的程度，觉得"有感要发"，就可以对学生进行评价并记录下来。

五、多元化评价体系在高等数学中的探索实践

（一）评价的标准多元化

在高等数学的课程评价中采用量化和泛化相结合、考试成绩和平时过程管理

相结合的方式，可以客观准确地对学生的学习效果进行评价，也对那些学习态度认真但是效果可能不尽如人意的学生予以正面的激励。

（二）评价的方式多元化

在平时成绩的评价上侧重于过程管理的方式，采用小测验、章节小结、作业、读书报告、提问、小组竞赛等方式来进行评价，不会将一次考试成绩作为学生的最终成绩，而是采用不同层次、不同种类的考核全方位地了解学生的学习习惯和学习程度以及学习方式，进而关注学生整个学习过程中状态的变化并予以评估。

（三）评价的内容多元化

在教学的过程中不再以单一的数学题目的解答作为唯一的考核评价的方式，要求学生在学习过程中完成课程导读，章节知识点的自我总结帮助学生形成高等数学的框架式的知识，特别在小组学习中引入竞争机制，以小组为单位每位同学分配学习任务来进行小组之间的比较竞争。对于激发学生的学习兴趣和主动性有着明显的效果。

（四）评价导向的学习激励方式多元化

注重评价体系的导向作用，在学习过程中引入小组成绩，利用学生的集体荣誉感对学生施加学习压力，加强学生之间的团队合作的精神，引导学生自主学习和团队学习相结合。在学习评价中引入成绩一致度的概念，对于在整个学习过程中都能保持成绩优异的学生予以奖励，对于在学习过程中有明显进步的学生予以奖励，对于在学习过程中有明显退步的学生予以惩罚。

示例：高等数学成绩考核的标准及权重参考。

评价体系：平时成绩 30 分，卷面成绩 70 分。

学生的平时成绩由教学过程管理的评价来打分。

1. 作业 10 分

自觉地按时、独立、规范地完成作业，突出强调按解题步骤完成作业（思维正确），强调独立完成、理解所学内容与方法。教师在批阅学生作业时给出优、良、及格等评价，可给予作业表现优秀的学生加分的奖励。

2. 学习成绩一致度 5 分

对于在考试中名次明显进步的同学予以加分奖励，退步的同学予以减分惩罚。

3. 课堂表现 15 分

（1）按照教学要求，归纳总结已经学过的知识并予以拓展。按时完成自己的读书报告——每次课前按时进行课前导学及章节总结报告。

（2）不定期的小测验的成绩。

（3）考查学生单独回答问题的独立性、正确性。

（4）小组学习中，给每个人分配学习任务进行小组之间的竞争，以组成绩为标准，再根据每人对小组的贡献大小进行组内互评，最终确定个人平时成绩。

六、高等数学教学改革的背景与现状

高等数学如何适应中学数学改革与社会进步的要求，进行高等数学书籍与教学改革，是高等数学教育必须面对的问题。

高等数学又称高等应用数学，即工程技术、经济研究中能用得上的数学，在工程技术与经济中的应用十分广泛，是学好专业课、剖析工程与经济现象的基本工具。高等数学要适应中学数学改革与社会进步的要求，进行高等数学书籍与教学改革，高职高专的高等数学课程改革势在必行。

（一）数学观念陈旧

教学观念陈旧，首先过分强调逻辑思维能力培养，而使高等数学变成纯而又纯的数学，这一点在现行统编书籍中有充分体现。其次过分强调计算能力的培养，从而导致高等数学陷入计算题海。适当的计算不是不可以，而过多的计算则毫无必要（因为有了计算机），如高等数学中极限、积分、组合数、平均数、标准差、平方和分解、相关系数、回归系数、方程的求解、矩阵的运算等计算，高等数学中凡是涉及数值计算的，均只讲概念与方法，具体计算可以让计算机来完成。陈旧的数学观念，导致培养出的人才规格降低，高分低能现象严重。

（二）教学方法落后

教学方法是关系到教学效果的直接因素，对高等数学而言，教学方法的改进尤为重要。现在采取的"定义—定理—例题—练习"的讲授形式，实质上有启发性。运用启发式教学方法，启发学生主动学习、主动思考、主动实践，教给学生以"猎枪"而不是"猎物"。

（三）书籍编写过时

（1）教学内容简单陈旧，缺少现代内容。在我国，书籍的编写和使用都带有计划经济的特点，书籍的编写统一，使用统一。由于编写书籍的均为数学专家，带有数学专业工作者的特性，不具有广博的经济知识，只追求理论性、完整性，导致高等数学变成阳春白雪。例如讨论幂指类型函数连续性、可导性、求极限等，在经济学中几乎找不到它们的应用。高等数学的书籍重点应放在概念的产生背景或使用方法的介绍上。

一味追求数学的逻辑性、严密性、系统性，使很具特色的书籍变成抽象的符号语言集成，使"学生怕数学""头疼数学"，怕繁难的数学计算和深奥的逻辑推理。

(2)教学与专业应用脱节。多年来，高等数学书籍，基本上是公共数学书籍的再简化，内容与专业严重脱节，过多地强调一元显函数的极限、导数、积分。

比如，三角函数作为纯理论数学是不可缺少的，在物理学中的应用也是深入的，但在经济领域几乎找不到它的应用，而在高等数学里却花了很多的精力去介绍，用得上的数学知识又没有介绍，比如，银行存款问题、彩票问题、投资风险问题、优化决策问题等等。

（四）教学手段简单

一支粉笔、一块黑板是许多教师教学的真实写照。实践已经表明，凡是能用粉笔在黑板上做的，多媒体都能做到。

由于现代科学技术的进步，社会需要更多的具有现代数学思维能力与数学应用意识的人才，无论是时代发展的要求，还是适应经济生活改革的需要方面，高等数学教育都已经到了非改不可的程度。

七、教学改革的内容

高等教育是职业教育的高等阶段，是另一种类型的教育。高等人才的培养应走"实用型"的路子，而不能以"学术型""科研型"作为人才的培养目标。高等数学作为专业课程的基础，强调其应用性、学习思维的开放性、解决实际问题的自觉性。

（一）数学教学方法的改革

注重教学实际的需要，遵循易教易学的原则。为了缓解课时少与教学内容多的矛盾，应该恰当把握教学内容的深度与广度。各专业的高等数学课程教学要求基本相当，宜采用重点知识集中强化，与初等数学进行衔接、新旧结合的方法帮助学生学好新知识；要注意取材优化，既介绍经典的内容，又渗透现代数学的思想方法，体现易教易学的特点。对难度较大的理论，应尽可能显示高等数学的直观性、应用性，对高等数学的一些难点，比如极限的内容，要重新审视，要用极限思想而淡化计算技巧。局部内容，要采用新观点、新思路、新方法，例如局部线性化的方法。强调直观描述和几何解释，适度淡化理论证明及推导，以便更好地适合施教对象，同时还要适度注意高等数学自身的系统性与逻辑性。

（二）注重方法，体现数学思想

数学思想是对数学知识和方法本质的认识，是学生形成良好认知结构的纽带，是由知识转化为能力的桥梁；数学思想方法是数学的精髓。因此，从一定意义上来说，学数学就是要学习数学的思想方法，要特别重视数学思想的熏陶和数学知识的应用。"做中学，学中悟，悟中醒，醒中行"能为广大读者带来学数学的轻松、做数学的快乐和用数学的效益。在数学教学中，要提示知识的产生背景，使学生从前人的发明创造中获得思想方法。结合学生实际与专业的特点，引进和吸收新的教学方法，比如案例式、启发式等教学方法，融合数学建模与教学，充分调动学生的积极性。教给学生正确的思想和方法，无疑就是交给学生一把打开知识大门的钥匙。

（三）纵横联系，强化应用

学高等数学知识，归根结底是应用数学方法去解决实际问题。如不具备应用能力，那么只能在纯数学范围内平面式地解决问题。不能只注重纯而又纯的数学知识教学，而应重视数学知识的实际应用，如工程数学、金融数学、保险数学，让高等数学名副其实地带上知识经济时代的烙印。要纵横联系，强化应用，例如，定积分与概率密度函数，二元线性函数的最值与线性规划，最小二乘法与回归方程之间的联系与实际意义，这样可有效地化解教学难点，提高学生的应用能力。

（四）以问题为中心开展高等数学教学

数学教学应围绕"解决现实问题"这一核心来进行。注重学生应用能力的培养或强调高等数学在经济领域中的应用已成为发达国家课程内容改革的共同点。我国在高等数学内容上遵循"实际问题—数学概念—新的数学概念"的规律，而西方国家在处理高等数学内容上则遵循"实际问题—数学概念—实际问题"的规律，显然二者的归宿点不同。从问题出发，借助计算机，通过学生亲自设计和动手，能够体验解决问题的过程，从实验中去学习、探索和发现数学规律，从而达到解决实际问题的目的。数学实验课的教学与过去的课堂教学不同，它把教师的"教授—记忆—测试"的传统教学过程，变成"直觉—探究—思考—猜想归纳—证明"的过程，将信息的单向交流变成多向交流。

要针对现代学生的身心特征，以问题为中心开展经济高等数学。选编学生身边的数学问题，比如，由彩票问题引出概率的概念，由规划问题引出方程组的概念，由工资表问题引出矩阵的概念，由企业追求最大利润或最小成本问题引出函数极值的概念，由计算任意形状平面图形面积的问题引出定积分的概念，等等。

教学中，可以更多地告诉学生"是什么""怎么样做"的知识，至于"为什么"，可以等感兴趣时再去教。

（五）注意引入现代计算机技术来改进教学

运用现代化的教学手段，不仅可以增大教学信息量，拓宽认知途径，还可以渗透数学思想，体现数学美，因而运用多媒体教学具有重要的意义。为此，就要提高教师掌握现代教育技术的本领，使其能够制作多媒体课件，用直观的课件内容来描述需要做出的空间想象。另外，教师还要充分利用校园网和互联网，开展网上授课和辅导，实现没有"粉笔与黑板"的教学，做到化繁为简、化难为易、化抽象为具体、化呆板为生动，实现以教师为主导、以学生为中心的教学方式，促进教师指导下的学生自主学习氛围和环境的形成。

八、编写富有职业特色的高等数学书籍

吸取国内外优秀书籍的编写经验，选取由浅入深的理论体系，使课程易教易学。在国外，书籍的编写充分体现面向实用，面向工科、经济学科的特点，多数数学知识应用的介绍以阅读的方式出现，这些材料内容广泛，形式各异，图文并茂，有生动具体的现实问题，还有现代高等数学及其应用的最新成果。书籍的每个章节，还安排与现实经济世界相结合，并有挑战性的问题供学生讨论、思考、实践，让学生感受到数学与经济学科之间的联系。高等数学书籍的编写应借鉴国外的经验，鼓励教师将最新研究成果、先进的教学手段和教学方式、教学改革成果等及时纳入编写的书籍之中，力争使出版的书籍内容新、数据新、体系新、方法新、手段新。

结合高等院校学生的特点，注重概念的自然引入和理论方法的应用，注意化解理论难点，便于学生理解课程中抽象的概念及定理，尽量弱化过深的理论推导和证明。在形式和文字等方面要符合高等教育教学的需要，要针对高等院校学生抽象思维能力弱的特点，突出表现形式的直观性和多样性，做到图文并茂，激发学生的学习兴趣。例如，降低微分中值定理的要求，用几何描述取代微分中值定理的证明，降低不定积分的技巧要求，适当加强向量代数与空间解析几何，以及多元函数微积分的部分内容，较好地满足专业课对高等数学的要求。

结合工程、经济管理类等专业的特点，广泛列举在工程经济方面的应用实例。数学概念尽可能从工程、经济应用实例中引出，并能给出经济含义的解释，使学生深刻理解数学概念，建立数学概念和工程、经济学概念之间的联系，逐步培养工程、经济管理类学生的数学思维方式和数学应用能力。配备贴近现实生活

和工程、经济管理学科方面的生动活泼的习题。例如，概率统计在经济领域的最新应用成果，二项分布在经济管理中的应用，损失分布在保险中的应用，期望、方差在风险决策或组合投资决策方面的应用。

将数学建模的思想与方法贯穿整个书籍，重视数学知识的应用，培养学生应用数学知识解决实际问题的意识与能力。以数学的基本内容为主线，重点讨论工程、经济管理科学中的数学基础知识，将数学与工程、经济学、管理学的有关内容进行有机结合。例如，在微积分中，要以函数、极限、连续、导数、积分、级数、微分方程、差分方程为主线，以简单的经济函数模型、复利和连续复利、边际、弹性（交叉弹性）、经济优化模型、基于积分的资金流的现值和将来值（以连续复利为基础）、基于级数的单笔资金的现值和将来值、经济学中的各种基本的微分方程和差分方程模型的建立和求解为次线，突出微积分的基本方法——逼近方法、元素法、优化方法及其经济应用，适当介绍工程、经济、金融、管理、人口、生态、环境等方面的一些简单的数学模型。

设计实验课题。在计算机相当普及和计算机技术日益发达的情况下，高等数学书籍要配制计算机应用软件，这样既可以让学生掌握运用计算机处理问题的能力，也可以缓解内容充实与课时不足的矛盾。结合数学实验 Matlab 软件在高等数学中的应用，把数学软件的使用融合进书籍，尝试将高等数学的教学与计算机功能的利用有机结合起来，提高学生使用计算机解决数学问题的意识和能力。

九、高等数学的教学内容与模式改革

高等数学是高等院校一门重要的公共基础课程，它不仅为学生学习后续课程和解决实际问题提供了必不可少的数学基础知识和数学思想与方法，还为培养学生的思维能力、分析解决问题的能力和自学能力以及为学生形成良好的学习方法提供了不可多得的素材。随着科学技术及其他学科的发展，数学应用的广泛性与可能性在不断扩大，数学的地位在不断提高。国内外的许多高等院校都在高等数学的课程改革方面做了深入的研究，提出了许多宝贵的意见和改革方案，这对高等数学课程的发展有重要的意义。

（一）教学内容由理论数学到应用数学的改革

长期以来，在高等数学的教学中，讲究严密性、系统性、抽象性。在教学内容上，重经典轻现代，重理论轻应用。由于学时少、内容多，经常是师生一起赶进度，没有或很少涉及数学在各专业学科的应用，即使一般的数学应用也不多，有也只局限于物理和几何方面，没有反映现代数学的观点在更多领域的广泛应用。高等数学课程的教学改革应该从高等教育特定的培养目标出发，重视基本知识与基本理论的学习与讲解，注重与专业的结合，使教学内容更好地与专业相联系，为后续专业课程服务。

（二）改进教学方法与教学手段，提高教学质量

传统高等数学的教学更多的是关注教师如何教，忽视学生的学，过分重视知识的灌输，忽视了学生学习的主动性与创新能力的培养。因此，在教学过程中，可以对高等数学课程教学采用研究型教学法，改变"传授式"教学模式，真正把学生作为教学的主体，引导学生去思考、去探索、去发现，鼓励学生大胆地提出问题，激发学生的学习兴趣，增强学习的主动性。在授课过程中，采取多种学生易于接受的授课方式，如让学生自学、进行课堂提问和讨论，让学生到黑板上做题和讲解等，这些对于丰富课程教学方法、激发学生的学习兴趣都是有利的。

同时，每学期不定期地布置几道和专业相结合的简单的数学建模方面的题目，让学生在课余时间分组完成，以论文的形式交给任课教师批阅。当然，任课教师也可以和专业课教师一起批阅，发现论文中的闪光点。教师可以从中选取独特的解题方法教给学生，这比教师讲题更引人入胜，必要时可让学生讲解自己的解题思路。这样，学生在学习知识的同时，也在领悟一种思维方法，学生学到的知识不仅扎实，而且能够举一反三，运用自如，体验到学习的乐趣所在。

另外，组织数学课外兴趣小组，小组中的成员可以经常在一起讨论学习过程中遇到的难题，及时向教师反映学习情况，讨论数学建模的方法与思路。这对带动全班学生学习数学的积极性，同时培养一支优秀的数学建模队伍都是很有帮助的。

在教学手段上，传统的高等数学课程的教学都是黑板、粉笔、教案三位一体的形式。在计算机技术迅猛发展的今天，这种教学手段显然是不合时宜的。因此，在课堂教学中，将传统的教学模式与多媒体教学结合起来，通过多媒体课件将抽象的概念、定理通过动画、图像、图表等形式生动地表示出来，这样既易于学生理解和掌握，又解决了数学课堂信息量不大的难题，形成了数学教学的良性循环。

数学实验也是高等数学教学的一种全新的模式，是一种十分有效的再创造式数学教学方法。数学实验有助于学生探究、创新能力的培养，能够加强数学交流，培养合作精神，强化数学应用意识。

（三）考核方式的改革

考试作为督促学生学习、检验学习情况的有效手段，是必不可少的。以前，

高等数学课程的考核方式是以期末一次性考试为主，这种考核方式造成了很多学生进行"突击式"学习。期末考试压力大，知识掌握得肤浅，没有学习的积极性。因此，对考核方式进行逐步的改革，加强对学生平时学习的考核力度很有必要。教学过程中，对学生的掌握情况和平时作业的完成情况进行考核，分别占有一定的比重。另外，学生在学习过程中完成的数学小论文也列入考核范围。这样就降低了期末考试在高等数学课程成绩中所占的比重，避免学生学习的前松后紧和期末考试定成败的局面，减轻了学生期末考试的压力，从单纯考核知识过渡到知识、能力和素质并重。

十、新时期高等数学的教学内容与课程体系改革初探

高等数学是理工科类各专业必修的基础理论课，在高等教育大众化的形势下，由于其具有枯燥性和高度的抽象性，因此学习起来比较困难。本书从教学内容、课程体系、教学方法等方面探讨了高等数学教学改革的重要性，以及如何进行高等数学的教学改革，如何提高教学质量和学生学习兴趣等问题。

高等数学是高等院校理、工、医、财、管等各类专业的一门基础理论课，其涉及面之广仅次于外语课程，可见该课程之重要。随着现代科学技术的飞速发展和经济管理的日益高度复杂化，高等数学的应用范围越来越广，正在由理论变成一种通用的工具，高等数学的教学效果直接影响着大学生的思想，以及他们分析和处理实际问题的能力。如何改进教学内容，优化教学结构，推进教育改革向纵深发展，使学生在有限的课时内学到更多、更有用的知识，是新时期我国高等数学教学改革的一大课题。结合我国高等学校（非重点院校）的实际情况，新时期高等数学教学改革应该从以下几个方面进行。

（一）优化教学内容，改进教学方法

基础理论课的教学应该以"必需、够用"为度，以教授概念、强化应用为重点，这是改革的总体目标。一般普通高等学校（非重点院校）培养的大多是生产一线的员工，因此，高等数学书籍应是遵循"以应用为目的，以必需、够用为度"的原则编写的，必须强调理论与实际应用相结合。教学中应尽量结合工程专业的特点，筛选数学教学内容，坚持以必需、够用为度。多介绍数学特别是微积分在专业中的应用；多出一些有工程专业背景的例题、习题；多列举一些理论联系实际的应用题；多开展一些课堂讨论以利于调动学生的主动性和创造性。通过以上一系列手段或方法的运用，调动学生学习数学的积极性，提高学生对高等数学课程重要性的认识，逐步培养他们灵活运用数学方法去分析和解

决实际问题的能力。

（二）紧跟时代步伐，采用多种教学方法

计算机的出现使人们的科研、教育、工作及生活均发生了重大转变。电子计算机的强大计算能力使数学如虎添翼。过去手算十分困难和烦琐的数学问题，现在用计算机可以轻而易举地解决；过去许多数学工作者津津乐道的方法、技巧，在强大的计算机软件系统面前黯然失色。当前，如何使用和研究计算机推进数学科学发展，深化数学教学改革，是新时期高等数学教学内容、教学方法、教学手段改革和实践的一个新课题。因此，应当把计算机软件引进数学书籍，引入高等数学的课堂教学中。正如汽车司机不必懂汽车制造技术一样，只要能开车，照样能发挥其巨大的作用。有了计算机软件系统和"机器证明"方法，教学过程中烦琐的演算方法减少了，还可以引入新的数学知识和数学方法，扩大学生的知识面。同时，概念的教学将会加强，数学建模能力将更重要，创新能力的培养将更突出，传统的教学内容和教学方法将逐步改变。

（三）以学生为中心，着重创新能力的培养

培养创新能力是 21 世纪教育界的一大课题。因此，必须在数学教学中强调培养学生的创新精神和创新能力。传统单一的满堂灌、保姆式的课堂教学，容易造成学生对老师的依赖，不利于调动学生的主观能动性，更不利于激发学生的创造性思维。培养学生的创新意识和创新能力不仅可以活跃课堂气氛，还有利于激发学生的学习热情。数学本身包含着许多思维方法，如从有限到无限、从特殊到一般、归纳法、类比法、倒推分析法等，其本质都是创造性思维方法。首先，必须培养学生对实践的兴趣。作为一名学生，应该有从丰富的日常生活中和工程实际中发现问题、研究问题、解决问题的兴趣。在这里，引入数学建模的思想与方法是十分有用的。今天，在科学技术中最有用的数学研究领域是数值分析和数学建模。数学建模，就是对一般的社会现象（如工程问题）运用数学思想，由此及彼，由表及里，抓住事物的本质，培养学生的创造性思维，运用数学语言把它表达出来。而在建模过程中需要用到计算机等其他学科的知识，对那些实际问题在一定的条件下进行简化，并与某些数学模型进行类比，使学生能够经历研究实际、抓住事物的主要矛盾、建立数学模型、解决问题的全过程，从而提高其对实践的兴趣。因此，在数学教学中应介绍数学建模的思想、方法。其次，在数学教学中，向学生传授科学的思维方法，应成为数学教师的一项特别的工作，成为数学教师的教学任务和教学内容。

高等数学的改革是一项十分复杂的系统工程，而面向 21 世纪的高等数学的

教学内容和课程体系、教学方法和教学手段的改革，值得探讨的问题很多，希望诸位同行都来重视并研究这个问题。

十一、文科高等数学教学内容改革初探

数学教育在大学生综合素质的培养中扮演着十分重要的角色。近年来众多高校的非经济管理类文科（以下简称文科）都开设了高等数学课程。在教学中发现了问题：文科高等数学（以下简称文科高数）基本上是理工类高数的压缩和简化，普遍采取了重结论不重证明、重计算不重推理、重知识不重思想的讲授方法。学生虽然掌握了一些简单的知识，但在数学素质的提高上收效甚微，而数学基础较差的那些文科学生，既谈不上对知识真正的理解和掌握，更谈不上数学素质的提高。因此，文科高等数学教学改革是提高学生素质的重要工作。

文科高数开设刚起步的院校，在书籍选择、教学内容、教学方法上，都需要进行不断的探索和改进。文科高数的内容和结构如何突破传统的高等数学课程，使其具有明显的时代特征和文科特点；怎样把有关数学史、数学思想与方法、数学在人文社会科学中的应用实例等与有关的高等数学的基本知识相融合，使其体现文理渗透，形成易于为文科学生所接受的书籍体系是值得认真研究的。

（一）文科高等数学教学的目的和要求

数学作为一门重要的基础课，对培养人才的整体素质、创新精神，完善知识结构等方面的作用都是极其重要的。因此开设文科高数的目的和要求有以下几点。

（1）使学生了解和掌握有关高数的初步的基础知识、基本方法和简单的应用。

（2）培养学生的数学思维方式和思维能力，提高学生的思维素质和文化素质。

在这两方面中，前者可以提高文科大学生的理性能力、抽象思维能力、逻辑推理能力、几何空间想象能力和简单的应用能力，为学生以后的学习和工作打下必要的数学基础。后者是对前者的深化，通过对数学知识的学习过程，学生可以培养数学思维方式和思维能力，提高思维素质，培养学生"数学方式的理性思维"。这些对提高他们的思维品质、数学素质有着十分重要的意义。

当代大学生应做到精文知理，努力把自己培养成应用型、复合型的高素质人才。另外，从现实生活来看，一个人也要有一定的观察力、理解力、判断力等，而这些能力的大小与他的数学素养有很大关系。当然学习数学的意义不仅是使数

学可以应用到实际生活中，而且是进行一种理性教育，它能赋予人们一种特殊的思维品质。良好的数学素质可以促使人们更好地利用科学的思维方式和方法观察周围的事物，分析解决实际问题，提高创新意识和能力，更好地发挥自己的作用。

(二)文科高等数学教学内容改革的原则

对文科学生来说，数学教育不是为了培养数学研究者、数学思想和数学思维方式。因此，选择的教学内容应以掌握和理解数学思想、提高数学素质为原则。

(1)知识的通俗性原则。文科高数所涉及的知识要使学生易于接受，数学既是一种强有力的研究工具，又是不可缺少的思维方式。文科高数不能像理工科那样，要求有高度抽象的理论推导，在不失数学严谨性的情况下，符合文科大学生的特点，做到严谨与量力相结合。

(2)书籍的适用性原则。学习的数学知识对文科学生来说应既具有一定的理论价值，又具有一定的实用价值，要真正使学生能够掌握数学运算的实用性理论和工具，如统计数据的处理、图表的编制、最佳方案的确定等等，使文科大学生成为合格的理智型人才，更好地适应社会的需求。

(3)内容的广泛性原则。文科高数应当是包含众多高数内容在内的一门学科，是对文科学生进行以知识技术教育为主，同时兼顾文化素质和科学的世界观和方法论教育的综合课程。内容选取上像微积分、线性代数、概率统计、微分方程等初步知识，应是文科大学生熟悉并初步掌握的。

(4)相互联系的非系统性的原则。数学是一门逻辑性很强的学科，每一分支的内容都具有较强的系统性和逻辑性。但文科高数受学习对象及实际需要的限制，其内容之间存在一定的相互联系，但是非系统的，所以应把它作为一门文化课来看，不必追求系统和严密，目的是让学生学会用高数的方法思考并处理实际问题。

高等数学教育不仅要使学生掌握数学的基础知识与基本技能，为后续课程学习打下坚实的基础，还要着重培养学生良好的个性品质和学习习惯，培养他们的能力。从根本上说，就是要全面提高学生的素质。在实现教学目的的过程中，数学思想方法的教学有着极为重要的作用。因此，在高等数学教育中，必须重视和加强数学思想方法的教学。通过近来的研究和实践，笔者深切地感受到，利用多媒体设施进行高等数学课程教学，努力培养学生的数学素质，提高学生应用所学数学知识分析问题和解决问题的能力，激发学生的学习兴趣，稳步提高教学质量，是前进的方向和目标，同时这又是一个循序渐进的过程。高等数学多个层次、多种模式的教学，使高等数学课程的教学出现了生动活泼的局面，同时也带来了一系列的新问题。因此，应在对高等人才培养目标、高等数学课程教学应遵循的原则以及高等院校学生特点的研究的基础上，探索高等数学教学改革的思路，构建适合高等特点的新的课程体系，探究适合高等特点的教学方法、教学手段和考核方式，并在实践中加以实施。

参考文献

[1]李改枝.高等数学教育教学中心理学的应用初探[J].开封文化艺术职业学院学报，2021，41(5)：159-160.

[2]杨丹.双创教育背景下的高等数学教育创新[J].知识经济，2020(8)：111，113.

[3]陶亚宾.双创教育背景下的高等数学教育创新对策[J].南北桥，2020(18)：22.

[4]郭迎春.实验与教学相结合改革高等数学教育模式[J].数学教育学报，2008，17(3)：76-77.

[5]韩云芷，王柏秋.高等数学教育改革初探[J].中国成人教育，2008(15)：154-155.

[6]古丽努尔·里瓦依丁.高等数学教学中数学建模思想的融入[J].产业与科技论坛，2021，20(18)：192-193.

[7]马莹，张家秀，李子煊.探究高等数学教学中的课程思政[J].创新创业理论研究与实践，2021，4(16)：44-46.

[8]贾光才.基于职教云高等数学教学模式探索[J].现代职业教育，2021(35)：106-107.

[9]乔剑敏，李沃源，张军，等.案例教学在高等数学教学中的应用研究[J].高等数学研究，2021，24(4)：109-112.

[10]佟珊珊，陈森，路宽.高等数学教学效果优化策略研究[J].黑龙江科学，2021，12(11)：13-15.

[11]脱倩娟，吕纪荣."三位一体"的高等数学教学模式探究[J].科技资讯，2021，19(18)：119-121，125.

[12]白守英.案例教学在高等数学教学中的运用研究[J].成才之路，2021(27)：52-54.

[13]杨淑心.深化教学改革，提升高等数学教学效率[J].中外交流，2021，

28(4)：184.

[14]赵晓丹．思维导图在高等数学教学中的重要性[J]．知识经济，2021，577(14)：142-143.

[15]木克然木·阿不来里木．高等数学教学观点下做好中职数学教学的探讨[J]．读与写，2021，18(16)：17-18.

[16]赵增逊，马梅，张明．基于课程思政的高等数学教学研究[J]．镇江高专学报，2021，34(2)：108-110.

[17]荀敏磷．高等数学教学中悖论教学法的实践应用[J]．山西青年，2021(17)：101-102.

[18]李其珂．合作学习在高等数学教学中的尝试探究[J]．黑龙江科学，2021，12(15)：94-95.

[19]宋霞．将数学建模嵌入高等数学教学的探索与实践[J]．产业与科技论坛，2021，20(6)：145-146.

[20]梅峰太．高等数学教学的数学思维和数学思想[J]．湖南师范大学社会科学学报，2014(zl)：109-110.

[21]许曰才．高等数学教学方法改革路径探索与实践[J]．现代职业教育，2021(28)：220-221.

[22]梁童，董晓娜．类型教育背景下高职高等数学教学改革思考[J]．黄河水利职业技术学院学报，2021，33(3)：74-77.

[23]蓝欢玉．线上线下混合式教学模式在高等数学教学中的应用[J]．哈尔滨职业技术学院学报，2021(3)：30-32.

[24]雷瑞兴．试论"互联网＋"思维模式下高等数学教学[J]．现代职业教育，2021(1)：166-167.

[25]康筱锋，李倩，宋达霞．基于高等数学教学改革的问题及对策研究[J]．佳木斯职业学院学报，2021，37(5)：99-100.

[26]朱青春．高等数学教学中渗透建模思想的策略研究[J]．湖北开放职业学院学报，2021，234(2)：151-152.

[27]宋京花．基于创新创业教育环境的高等数学教学探讨[J]．电大理工，2021(1)：44-46.

[28]许芳，余新宏．竞争学习小组在高等数学教学中的研究与实践[J]．教师，2021(5)：38-39.

[29]常洛，宋慧敏，孙薇."以学生为中心"的高等数学教学方法探索和研究[J].科教文汇，2021(7)：75-77.

[30]李春燕.分层次教学模式在职业本科高等数学教学中的应用[J].中国新通信，2021，23(10)：196-197.